THE SUDOKU PUZZLE BOOK

EASY 320 PUZZLES WITH SOLUTIONS

ROBERT J. NASH

THIS BOOK BELONGS TO:

_____

_____

_____

Puzzle 1

9	1	5	2	6	3	7	4	8
8	2	4	7	1		3	5	6
7	3	6			5	9	1	2
6	4	3	1	7		2	9	
5		1		3	2	8	7	
2		8	5	9	4	1	6	3
1	6	2		4	7	5	8	
4	5	9	8	2	1		3	7
3	8	7	9	5	6	4	2	1

Puzzle 2

	3	2	6	1	7	5	4	9
5	1	4	3	9	2	7	6	
7	9	6		4	5	1	3	2
6	2	7	5	3	9	4	8	1
4	5		7		1	3	2	6
1	8	3		6	4	9	7	5
9	4	8	1	7	6		5	
2		1	4	5	3		9	7
3	7	5	9	2			1	

Puzzle 3

	8	4	1	2	7	3	9	6
2	7	9	3	4	6	5	1	8
3	1	6	8	5	9	7	4	2
4	6	2		1		9	7	3
9	5	1	2		3	8	6	4
7	3	8		9	4	1	2	
	2	7	4	8	5	6	3	9
6		5	7	3	2	4	8	1
	4		9		1	2	5	7

Puzzle 4

7	8	5	6	9	2	1	3	4
4	9		8	1	3	2	5	7
		1		5		4	8	6	9
5	6	9	2		7	3	1	8
2	3	1	9	5	8		4	6
8		4	1	3	6	9	2	5
9	5	8	4	2	1		7	3
1	4	7	3		9	5	8	2
6	2	3		8		4	9	1

Puzzle 5

3	8	1	6	7	5	4	2	9
2	6	5	3	9	4	8	7	1
4	9	7		8	1	6	3	5
5	1	8	4	3	2	9	6	7
7		2	8	6			5	3
6	3	9		1	7	2	4	8
		3	1	2	6	5	8	4
1	5	6	7			3		2
8	2	4	9	5	3	7	1	6

Puzzle 6

5	7	4	8	6	9	3	1	2
3	6	1	2		7		8	4
	9	8	4	1	3	5		6
8	2		9	4	5	1		7
6	5	7	3	2	1	4	9	8
4	1	9	6	7	8	2	3	5
	4	6	7	9	2	8	5	3
9	8		5	3	6	7	4	1
	3	5	1	8	4	6	2	9

Puzzle 7

7	1	5	4	6	3	9		2
	8	6	5	9	2	7	1	4
2		4	8	1	7	3		5
9	2	1	3	5	6	4		8
	3	8	1	7	4	5	2	9
4	5	7	2	8		1		6
8	7	9	6	4	1	2	5	3
5	4	2	7			6	9	1
1		3	9	2	5	8		7

Puzzle 8

9	4	1	8	2	3	5	6	7
	8	7	6		5	3	4	9
5	3	6	7	9	4		1	2
	1	4	9	5			8	3
8	9	5		3	7	6	2	4
3	7		4	6	8	9	5	1
4		9	5	7	6		3	
7	5	8	3	4	1	2		6
1	6	3		8	9	4	7	5

Puzzle 9

2		7		6	1	4	3	9
1	3	4	7		8	6	2	5
9	5	6	4	3	2	1	8	7
7	6	9	8		4	3	1	2
4	2	5	1	7	3	9	6	8
8	1	3	9	2	6	7	5	4
5	4	2	3	1		8	7	
3	7	8	6	4	5	2	9	1
6		1	2	8	7			3

Puzzle 10

	3	8	6	1	5		9	4
4	7	1		9	2	6	5	3
9	6	5	7		4		2	1
3	2	6	4	7	8	5	1	9
1	5	4	3		9	2	8	7
8	9	7	2	5	1	4	3	6
7		2	5	4	3	9	6	
5	4	3	9	8	6	1	7	2
6	8	9	1	2	7	3	4	

Puzzle 11

2	9	7	6	5	4	1		8
6	3	5	8	1	9	7	4	2
4		1	2	7	3	9		5
9	2	6		4		3	5	1
5	4	8	9	3	1	6	2	7
1	7	3		6		8	9	4
3	1	2	4		7	5	8	6
8	5	9	1	2	6	4	7	3
7	6	4	3	8			1	9

Puzzle 12

6	8		4	9	1	7	3	2
9	4	3			5	8	1	6
7	1	2	8	3	6	9	5	
8	3	4	1	6	7	2	9	5
1	2	9		5	8	6	4	7
5	6		2	4			8	1
2	7	1	9	8	4	5	6	3
3	9		5	1	2	4	7	8
4		8		7	3		2	9

Puzzle 13

5	8	4	6	9	7	1	3	2
6	3	9	5			8	7	4
	2	7	4	3	8	6	9	
8	7	2	3	1	5		6	9
3	1	6	7	4	9	2	5	8
9	4	5	8	6	2		1	3
4	6	8	1	5	3	9	2	7
	5	1	9		4	3	8	6
7	9	3	2		6	5	4	1

Puzzle 14

4	3	8	5		2	6	7	1
6	9		4	8	7	3	2	5
2	5	7	1	3		4	9	
1	4		2	7	3	5	8	6
5	8	2	9	6	1	7	4	3
3	7		8	5	4	2	1	9
9	1	3	6	4	2	8	5	7
7		5	3	9	8	1	6	4
8	6	4	7	1			3	2

Puzzle 15

1	8	5	7	2	3	4	9	
7			6	5	9	3		8
6	3	9	4		1	5	7	2
5	6	8	3	9	7	1	2	4
9	7	3	1	4	2	6	8	5
2	1		8	6	5	7	3	
4	5			3	8	2	6	7
8	2	7	5	1	6	9	4	
		9	6	2	7	4	8	1

Puzzle 16

2	3	4	1	5	6	8	9	7
1	6	9	8	3	7		5	2
8	7	5	2	9		1		3
6	8	3	5	2	9	7	4	1
5	4	1	3	7	8		2	6
9	2		6	4	1	5	3	8
7		2	4	1	3	6		5
3	1	8	9	6	5	2	7	
4	5	6		8	2	3	1	9

Puzzle 17

1	5	3		6	9		8	7
4	7	8			2		6	1
2	6	9	8			5		
7	8	4	9	1	3		5	2
5	3	6	2	4	7	1	9	8
9	1	2	6	8	5	3	7	4
3		7		5	8	4	2	6
6	2	1	7	9	4	8	3	5
8	4	5	3	2	6	7	1	9

Puzzle 18

1	8		2	6	9	4	7	5
4	6	5			7	3	2	9
2		9		3		6	8	1
8	9		7	5	1		3	6
6	1	7	8	2	3	5		
5	3	2	6	9	4	7	1	8
	4	8	5	7	2	1	6	3
7	5	6	3	1	8	9		2
3	2	1	9		6	8	5	7

Puzzle 19

5	2	6	3	7	4	8	1	9
8	4	3	2	1	9	6		7
1	9		6	5	8	3	4	2
7	1		8	4	3	2	6	5
6	3	2		9		4	8	1
4	8	5		2	6	9	7	3
	6	8	5	3	1	7	2	4
3	7	1	4	6			9	
	5	4	9	8		1	3	6

Puzzle 20

6	4	7	2	1	3		5	9
1		9	7	5	4	3	2	6
	2	5	9	6	8	4	1	7
5	7	6	3	9	1	2	4	8
2	3	1	8	4	7	6	9	5
8	9	4	5	2			3	1
7	5	8				1	6	2
9		3	6	7	2	5	8	4
4	6	2	1				7	3

Puzzle 21

		3	4	6	9		5	8
4	9	5		8	2	6	7	3
2		8	5	7	3		1	4
5	3	9	2	1	7	4	8	6
6	7	2	9	4	8	5	3	1
8	4		6	3	5			
9	8	7	3	2	6	1	4	5
3	5	4	7	9	1		6	2
1	2	6		5		3	9	7

Puzzle 22

9	7	6	4	5	1	3	2	8
4	3	2	8		9	6	5	1
1		5		2	6	4	7	9
5	4	3	2	8	7	1	9	
7	6	1	5	9	4		3	2
2	9	8	1	6	3		4	7
6	2	4	7	3	8		1	5
8	1	7	9	4	5	2	6	3
3	5	9	6		2		8	4

Puzzle 23

1	7	8	9	3	6	5	4	2
4	2	6	8	1	5	3	9	7
3	9		4	7	2	6	8	1
6	3		7	8	4	2	5	9
8	4		2	5	9	1	3	6
9	5	2	1	6	3	8		4
	1	3	5	4	7	9	6	
7	6	9	3		8	4	1	
5	8	4	6			7	2	3

Puzzle 24

	1	4	9	8		2	6	7
7	9	6	1	4	2	5	8	
3	8	2	7	5	6	9		4
4	3	9	5	1		7	2	6
6		5	4	2	9	8		1
1	2		6		7	4	5	9
	4	1		9	5		7	
8	6	3	2	7	4	1	9	5
9	5	7	8	6	1	3	4	2

Puzzle 25

8	7	4	3	2		5	9	1
3	1	5	7		9	4	6	2
9	2	6	4	5	1	8	7	3
2		9	1	6	3	7	8	4
6	3	8			7	1	5	
7	4	1	8	9	5	3	2	6
1	6		5	3	8	9		7
4	8	3	9	7	2	6	1	5
5	9	7	6	1	4	2		8

Puzzle 26

3	8	9	4	6	7	5	1	2
	2		8	5	1	3	6	9
5	6		3	2	9	8	7	4
2	9	4	7	1	3	6	5	8
	5	3	9	8	6			
	7	8	2	4	5	9	3	1
9	3	5		7	8	4	2	6
8	1		6	3	4	7	9	5
7	4	6		9	2	1	8	3

Puzzle 27

7	4	5		6	1	2	9	3
1	3	2	4	7	9	5	6	8
8			2	5	3	4		7
4	5	7	6			8	3	1
9	2	1	7	3	8		4	
6	8	3	1	4	5	7	2	9
3	1		5	8	6	9	7	2
5	6	9	3	2	7	1	8	4
2	7	8	9	1	4	3		6

Puzzle 28

4	7		1	8			9	2
1		9	2	7	6	8	3	4
8	2	6	9	3	4	7	1	
2	4	5	6	1		9	7	8
7	6	8	5	2		1	4	
9		1	8	4	7		2	
3		7	4	6	8	2	5	1
6	1	4	7	5	2	3	8	9
5	8	2		9	1	4	6	7

Puzzle 29

9	3	5	7	1	6	4	2	8
7	6	2	3	4		1	9	5
8	4	1	2	9	5	7		3
1		9		3	2		5	7
3	2	4		6	7	8	1	9
6	5	7	9	8	1	2		4
2	9	6	8	5	4	3		1
4	1	3	6		9	5	8	2
5	7	8	1	2	3	9	4	6

Puzzle 30

4	2	8	7	9	5	3		1
5		7		8	1	9	2	4
1	6	9		3	2	8	7	5
2	5			6	7			9
6	8	4	3	5	9	2	1	7
9	7	1	8	2	4	6	5	3
3	4	5		7	6	1	9	
7	1	6		4	8	5	3	2
8		2	5	1	3	7	4	

Puzzle 31

4	6	7	9	5		1	3	2
3			6	4	1	7	8	5
		1	5	3	2		4	6	9
	5	8		9	4	3	2	6
2	4	3	8	6	5	9	1	7
6	9	1	2	7	3		5	4
9	3	6	7	8	2	5	4	
5	8	2		1	9		7	
1	7	4		3	6	2	9	8

Puzzle 32

3	6	5	4	9	1	2	8	7
2	9	1	6	7	8	5	3	4
8	4	7		2	5		1	6
5	3	2	8	4		1	7	9
4	7	9	1	3	2	6	5	
6	1	8	7	5		3	4	2
7	8	6	2		3	4		5
9	2	3		8		7	6	1
1	5	4	9	6	7	8	2	3

Puzzle 33

9	7	6	8	4	2	1	5	3
8	3	2			1		4	6
5	4	1	6	3	9	8	7	2
2	5	8	4	6	7	3	1	9
4	9	3	2	1	8	7	6	5
6		7	9	5	3		8	4
	2	5	3	8	6	4	9	
3	8	4	7	9	5		2	
7		9	1	2	4	5	3	

Puzzle 34

1	7	4	5		6	2	3	9
3	8	9	4		2	5	6	7
6		5	3	9	7	8	4	1
4	1	3	6	7	8	9	5	2
5	9	8	1	2		3	7	6
2	6	7	9	5	3		8	4
8	3	6		4				5
9	4	2	7	3	5		1	
7	5	1	8		9		2	3

Puzzle 35

2	3		1	5		8	7	9
9		1	4	7	8	3	2	5
7	5	8	3	2	9	1	6	4
6	9	7	2	3	1	5	4	
5	1	2	6	8	4	9	3	7
	8	3	7		5	2	1	6
8	4	6	5	1	3	7	9	2
1	7	9		6	2		5	3
	2	5	9	4	7	6	8	1

Puzzle 36

8	2	4	6	9	5	7		1
3		9	2	7	1	5	4	
5	7	1	3	4	8	2	6	9
9	5	3	7	6	2	8	1	4
7	4		1	8		9	5	6
6	1	8		5		3	2	7
4	8	7	5	2	6		9	3
1	9	5	8	3	4		7	2
2	3		9	1	7	4	8	

Puzzle 37

1	6		5	9	4		2	3
3		2	7		1	5	4	9
5	9	4	3	2	8	6	7	1
6	5	3	2		9	4	1	8
	1	8	6	4	5	3	9	7
	7	9	8	1	3		5	6
9	4	6	1	3	2	7		5
7	2	5	9	8	6	1	3	4
8	3	1	4	5		9		2

Puzzle 38

2	4		1	8	7	3	5	6
3	8	1	5	2	6	7	4	
7	5	6	3	9	4	1	2	8
4	3		8	6	5	9	7	1
			9	7	1	2	3	4
9	1	7	2	4	3	6	8	5
5	7			1	8	4	9	2
6	9	4	7	5	2	8	1	3
1	2	8	4		9	5	6	7

Puzzle 39

9	4		3	5	8	7	1	2
7	5	1	6	2		8	9	
8	3	2	9	7	1	6	4	
3	8	9	1	6	7	5	2	4
6	7	5	2	4	9	1		8
2	1	4		8	3	9	7	
4	2	7	8	1	6	3	5	9
5	9		7			4	6	1
		6	3	4	9		2	8

Puzzle 40

	9		5	3	4	6	8	2
4	5	8	1	2	6	9	7	3
3		2	8	9	7		5	4
6	3	4	9	1	5	7		8
2	8	9	4	7	3	5	1	6
5	7	1		6	8	3		9
8	1	5	3	4	9	2	6	
7	4		6	5	2	8		1
9	2	6	7	8	1	4	3	5

Puzzle 41

	1	8	9		2	6	7	4
3		2		8	7	5	1	9
9	6	7	1		5	2	3	8
8	2	9			4	1	6	5
4	7	6	8	5	1	3		2
1	3	5	2	9	6	8	4	7
7	9	3	5		8	4	2	6
	8	4	7	2	3		5	1
	5	1	4	6	9	7	8	3

Puzzle 42

	7	1	8	6	4	9		2
5	2	6	3	7		8	1	4
9	4	8	5	2	1	3	6	7
7	5	3	4	9	6	1	2	8
2		4	1	5	3	6	7	9
6	1	9		8	7	4	3	
8	9	2	6	3	5	7	4	1
1		7	9	4	2	5	8	6
		5	7	1	8	2	9	3

Puzzle 43

5			9	7	1	6	2	4
9	6	2	8	5		1	7	3
4	1	7	6	3	2	9	8	5
1		3		6	7	5	9	8
6		4	2	8	5	7	3	1
8	7	5	3	1	9	2	4	6
	4	1	5			3	6	9
	8	6	1	9	3		5	7
3	5	9	7	4		8	1	

Puzzle 44

7	4	1		6	9	8		2
8	9	5	1	2	4	6	7	3
3	2	6	7	8	5	9	1	4
5	6	2	8	3	7	1		9
1	8	9	4	5	2	7	3	6
4	3	7	6	9	1	5	2	
			5		3		9	1
	1	3	2	7	6	4	8	5
2	5	4	9	1	8		6	7

Puzzle 45

	5	4	3			1		8
	9	6	1	5	8	4	3	2
1	8	3	4	7	2	5		9
4	2		8	1	9	3	5	6
8	1	5	7	6	3	9	2	4
6		9	2	4	5	7	8	
3	4	2	9	8	7	6	1	
5	7	1		2	4	8	9	3
9			5	3	1	2	4	7

Puzzle 46

2	9	5	1	4	6		8	3
4		8	9	3	7	2		5
7	3	1	5	2		9	4	6
9	2	3	4	5	1	6	7	8
1	4	7	6	8	9	3		2
5	8		3	7		4	9	1
3	5	9	8	6	4	1	2	7
8	7	4	2	1		5		9
6	1	2	7	9	5	8	3	4

Puzzle 47

5	8	9	2		7	1	4	3
	3	7	9	5		6	2	8
1	2	6	3	8	4	9	5	7
9			1	4		8	7	6
2		8	6	3	9	5	1	4
6	1		5	7	8	3	9	2
3		2	7	1	5	4	8	9
8		1		2	3	7	6	5
7	4	5	8	9	6		3	1

Puzzle 48

2	5	9	4		8	3	7	
3		1			7	4	5	6
		4	6	5	1	3	2	9
1	3	4		8		6	2	7
6	9	8	1	7	2	5	3	4
5	7	2	6	3		8	1	9
8	6	3	7	2	1	9	4	5
4	2	7	8	5	9	1	6	3
9	1	5	3	4	6	7	8	2

Puzzle 49

5	2	6	3	8	9	1		4
	7	9		1	4	6	5	8
4		8		7	5	2	9	3
8	3	5	1	9	6	7	4	2
1	4	2	5	3	7		6	9
9	6	7	4	2	8	3	1	5
	5	1	8	4	2	9	3	
6	8	3			1		2	7
2	9	4	7		3	5	8	1

Puzzle 50

2				7		9	6	1
9	7	1		5	6	2	8	3
8	6	3	1		2	4	5	7
1	9	4	7	6	3		2	8
	8		2	1	9	7	3	
	2	7	8	4	5	6	1	9
6	1	8	9	2	4	3	7	5
4	3	2	5	7	8			6
7	5	9	6	3	1	8	4	2

Puzzle 51

2	5	9	8	4	7	1	3	6
1	7	6	3	2	9		8	5
8		3	5	1		9	7	2
6	2	5		7	1	8	9	3
3	8	7	6	9	5	2	4	
	1	4	2	3	8	6		7
5	3	2		6	4	7	1	
7	9	8		5	2		6	4
4	6	1	7	8	3	5	2	9

Puzzle 52

5	7		8		1	2		6
6	9	8	2	4	7	3	1	5
2	3	1	5	9	6	4	7	8
1	4	7	6	8	2	5	3	9
8	2	5	3	7	9	1	6	4
9		3		5	4	7	8	2
4	1	2	7	6	8	9	5	3
7		6	9	2	3	8	4	1
	8	9		1	5	6	2	

Puzzle 53

1	4	3	5	7	8	9	2	6
2	6	9	4	3	1	5	7	
5	8	7	6	2	9	4	3	1
4	9	1	3	6		2	8	7
7	5	8	9	1		6	4	3
3				4	7	1		9
8	7	4		9			1	5
6	1		7	5	3	8		4
9	3	5	1	8	4		6	2

Puzzle 54

3	6		4	5		7	9	1
4	1	7	6	3	9	5	2	8
	9	8	2	7	1	4	3	
9	7	4	5	8	3	1	6	2
1	5	6	7	9		8	4	3
2		3		6		9	5	7
7		5	9	1	6	2		4
8	4	1	3	2	5		7	9
6	2	9	8	4		3	1	5

Puzzle 55

6		8	4	5	3	9	1	2
4	9	1	6		8	5	3	
5	2	3	1	9	7	8	4	6
9	3	7	2	1	5	4	6	8
2	4		3	8	9	7		1
8	1	5	7	6		3	2	9
7	5	2		3	1	6	9	
1		9	5	4	6	2	7	3
3	6	4	9	7	2	1	8	5

Puzzle 56

	7		5	4		6	1	
		6		1	2	3	8	5
1	2	5	3	6	8	4	7	9
5	3		8	9	4	2	6	7
7	9	4	6	2	5	1	3	
6	8		1	3	7	9	5	4
		9	2	8	6	7	4	1
4	1	7	9	5	3		2	6
2	6	8	4	7	1	5	9	3

Puzzle 57

5	8	3	7	4	6		1	
6		9	3			4	8	7
1		4	9	2	8	5	3	
9	1	8	5	7	3	2	6	4
3	6	7	4	8	2	1	5	9
4	5	2	1	6		8	7	3
2	4	6	8	3	1	7	9	5
8		5	2	9	7	6	4	1
7	9	1	6	5	4	3	2	8

Puzzle 58

5	3		2	8	1	9	7	6
2	8	6	5	9	7	4	3	1
	1	9	3	4	6	5	8	2
	2	5	4	7	8	6	1	3
6	4	3		5	2	7	9	8
1	7	8	6		9		4	5
3	5	7		6	4	1		9
4	6	2	9	1	3	8		7
8	9	1	7	2		3	6	4

Puzzle 59

1	4	6	9	3	8	5	2	
	5	8	4	2	7	1	3	6
7		2	1	6	5	8	4	9
8	2	9	7		1	6	5	3
4	7	3	2	5	6	9	8	1
5	6	1	8	9	3	2	7	
6	8	7	5	1	4	3		
3	9	5		7	2			
2	1	4	3	8	9	7	6	5

Puzzle 60

7	5	1			4	8	6	
8	6	3	1	7		4	2	9
2	9	4	6	3	8	1	5	7
3	4		5	8	2	7	1	6
5	7	6	3	4	1	9	8	2
1	2	8	7	6	9	3	4	
		1	2		5	3	6	7	8
9	8			2	6		3	
6	3	5	8	1	7		9	4

Puzzle 61

8	5	3			7	9	2	4
2	1	6	5	9		3	7	8
9	4		3	2	8	6	1	5
6	2	1	9	4	5	7	8	3
	7	8		1	3	4	9	2
	9	4	7		2	1	5	6
4	3		8	7	1	2	6	9
1		9	2	3	6	5	4	7
7		2	4	5	9	8	3	

Puzzle 62

1		2	3	8	6	4	7	5
4	3	7	2	5	1	8	9	6
6	5	8	9		4		3	2
7		5	6	3	9	2	1	4
9	1		8	4	2	3	5	7
2	4	3	7	1	5		8	9
	2	4	5	9	8	7	6	1
8	6	9	1		7	5	4	3
5	7		4	6	3	9	2	

Puzzle 63

	6	8	5	1	4	2	9	3
9	1	4				5		
3	2	5	6	9	7	4	1	8
5	9	2	7	6		8	3	
1	7	6	4	3	8	9	5	2
4		3	2	5	9	1	6	7
8	5	9		4	6	7	2	1
2	3	7	1	8	5	6	4	9
6	4	1	9	7			8	5

Puzzle 64

9	7	6	5	3	2	4	8	1
3		8	9	7	1	6	2	5
2	5	1	6	4	8	7	9	3
1	3	5	8	2	4	9	7	
4	9	2	3		7	1	5	8
6	8	7	1	9	5	3	4	2
7	6	3		5		8	1	
5	1		4	8	6	2	3	7
	2	4	7	1	3	5		9

Puzzle 65

6	4	7	1	9	5	8	3	2
5	2	1	3		8	4	7	9
8	3	9	7	4	2	1	5	6
	6	2	5	8			1	7
	8	5	2	3	7	6	9	4
9	7	3	6	1	4	5	2	8
7	1	6	8	2	3			5
2	9	8	4				6	3
3		4	9	7	6	2	8	1

Puzzle 66

1	7	3		8		5	2	6
5	4	8		6	3		1	7
2	9	6	1	5	7	3	4	8
8	3	9	7	2	6	4	5	1
7		1	9		5	2	8	3
4	2	5	3	1	8	7	6	9
3	8	4		9	1	6	7	2
9	1	2		7	4		3	5
6	5	7	8	3	2		9	4

Puzzle 67

5	7		4	3	9	1		8
3	2	9	1	7	8		4	5
8	1		2	6		9	7	3
4	5	1		8	3	7	6	2
6	8			4	2	3	1	
2	9		7	1	6	5	8	4
9	4	2	6	5	1	8	3	7
7	6	8	3	9	4	2	5	1
		5	8	2	7	4		6

Puzzle 68

8	5	2	6	4	1	7	9	3
	6	1	3	9		5	8	
3	7	9	2	5	8	4		1
		6	9	8	5	3	7	4
5	9	8	7		4	1	2	6
7	3			2	6	8	5	9
	8	3		1	2	9	4	7
9		7	8		3	2	1	5
1	2	5	4	7	9	6	3	8

Puzzle 69

2	4	5		8	6	9	3	1
9		6	5	3	1	4	2	
3	7	1	4	2	9	8	5	
7		9	8	4	3	6	1	5
1	6	3	2	9	5	7	8	
4	5			1	7	2	9	3
6		2	9	5	4		7	8
8	1	4	3	7	2	5		9
5	9	7	1	6		3		2

Puzzle 70

	2	6	4	8	5	7	1	9
1	9	5	3	6	7	8		2
	8	4	2	1	9	3	5	6
4	7	1	6	3		2	9	5
2	3		9		4	6	7	1
5	6	9	1	7	2	4	3	8
		2	7		3	5	6	4
6	5	3	8	4	1	9	2	7
9	4	7		2	6	1	8	3

Puzzle 71

1	9	2	4	8	6		3	7
3	8	7	5	2	1	4	6	
6		5	3	9	7	1	8	2
2			7	4	8	3	1	5
8	3	4		1	5	7	9	
5	7	1		3	9	8	2	4
	2	8	9	5	3		4	1
4	5	3	1	6	2		7	
9	1	6	8	7	4	2	5	

Puzzle 72

	1	7		4	2	9	5	6
6		4	9	5	7	2	1	8
5	2		6	1	8	3	7	4
9	7	1		2	3	8	6	5
3	5	8	1	7	6		9	2
2	4	6	8	9	5		3	1
7	9	2	5	6	4	1	8	3
1	8	5	2	3	9	6	4	
4	6	3	7	8	1	5	2	

Puzzle 73

3	7	5	6	4	9	8	2	1
	1	8	3	7	2		5	4
4	2	9	8	5	1		3	7
7	4	1	2	8	5	3	6	9
8	3	2	1	9	6	7		5
9	5	6	4		7	2	1	8
1	6	7	9	2		5	8	3
2	9	3	5	1	8		7	
5	8	4	7	6	3	1		9

Puzzle 74

	4	7	6	5	2	9		3
1	5	6		3	9	2	8	
2	3	9	1	7	8	6	5	4
3	8	4	9	1	6	7	2	5
	7	2	5	8	4	3	6	1
6	1	5	3	2	7	4	9	8
	6	3	7	9	1	8		2
7		8	2	4	5	1	3	6
	2	1	8			5	7	9

Puzzle 75

	5	4	3	6	7	9	1	8
		1	4	8	9	2	6	
6	9	8	5		2	3	7	4
4	8		2	3	1	5	9	6
1	2			5	6	4	8	
5	3	6	9		8	1	2	
9	4	2	6	7	5	8	3	1
8	6		1	2	3	7	4	9
7	1		8	9	4	6	5	2

Puzzle 76

4	2	7		3	9	5	1	8
1	8	9	2	4		7	6	3
6	5	3	1		7	9	2	
9	1	6	4	7		8	5	
5	3	2	8	6	1	4	7	9
8	7	4	9	5	2	1		6
2	6	5		9	4		8	1
	4	1	3	2	8	6	9	5
3	9	8	5	1	6	2	4	7

Puzzle 77

4	2	9	7	8		3	6	5
8	5	3		9	6		1	7
1	7	6	3	5	4	8	9	2
2	3	5	9	6			7	4
7	4	8	1	2	5	9		6
9	6	1	4	7	3	2	5	8
6	8		5	1	9		4	3
5	9	4	8	3	7	6		1
	1	7	6	4	2	5	8	9

Puzzle 78

9	2	6	5	8	4	7	3	
4	7	3	1	9		8	6	5
	5	8	3	7	6	9		2
5	3		6	2	9	4	7	8
6	8	7	4	3	5		1	
2	4	9	7	1	8	6	5	3
8	6	5	9	4	3	1	2	7
3	1	2	8	6	7	5	9	4
7	9	4		5		3	8	6

Puzzle 79

2		1	4	9	7	3	6	5
4	7	3	8	5	6	2	1	9
6	9	5		1		8	4	7
7	3	4	9	2		6	5	
1	5	6	3	7	8	4	9	2
9	2	8	5	6	4		3	
	4	7	1	8	5	9	2	6
8	1	2			9	5	7	4
5	6		7	4	2	1	8	3

Puzzle 80

6	1	2		3	8	9		
5		3	7	1	9	8	2	6
8		7	6	4	2	1		5
2	8	5	9	7	6	4	1	3
3			1	8	4	7	5	2
4	7	1	3	2	5	6	9	8
9		4	2	6	1	3	8	7
1	3	6	8	5	7	2	4	9
7	2	8		9	3	5	6	1

Puzzle 81

	1	5	3	4			9	8
3	4	9	5	8	7	1	2	6
8	7			2	1	5	4	3
6	9	1	4	7	8	3	5	2
5	8	4	1				6	7
7	2		6	5	9		1	4
4	5	2	7	9	3		8	1
1	3	8	2		5	4	7	9
9	6	7	8	1	4		3	5

Puzzle 82

8		1	3	6	4	7	5	9
5	3		2	9	1	8	4	6
	4	6	8	7	5	2	1	3
2			7	5	3	6	9	4
4	5	9	6	8	2		3	7
6	7	3		1	9	5	2	8
			1			9	6	5
1	6	5	9	3	8	4	7	
7	9	2	5	4	6	3	8	1

Puzzle 83

	2		4	7	8	9	1	5
4	7	5	6	9	1	3	8	2
8	1	9		2	3	7	6	4
7	5		1	6	9		4	3
9	4	1	3	5	2	8	7	6
2	3	6	7	8	4	5	9	1
1	9	2	8	4	5	6		7
3		7	2	1	6		5	
	6	4	9	3	7	1		8

Puzzle 84

9	3	7		5	2		1	6
	5	4	9		6	8	2	
	6	8	1	4	3	7	9	5
5	9	2	3	6	8	1	7	4
7	4	3	2	1	5	9	6	8
8	1	6	7	9	4	5		2
6	2	1	5	8	9			7
3	8	9		2	7	6	5	1
	7	5	6	3	1	2	8	9

Puzzle 85

2	1	3	5	7	4		8	6
6	8	5	9	3			2	4
7	4	9	2	6	8	1	3	
5	7	2	3	4	9	8	6	1
3	9	4	1	8	6	2		7
1	6	8	7	2	5	4	9	3
4	5	6	8	9	7	3	1	2
8	3	7	6	1	2			9
9	2		4	5	3	6	7	

Puzzle 86

	7		5	2	9	6	3	8
	2	9	6	4		7	1	5
6	5			1	7	9	2	
1		6	9	3	2	8	5	7
2	3	7	8	6	5	4	9	1
8	9	5	1	7	4	2	6	3
7	6	4	2	5	1	3	8	9
5		2	7	9	3	1	4	6
9	1	3		8	6	5	7	2

Puzzle 87

	5	3		9	4	2	6	1
4	7	6	5	1	2	9	3	8
1	2		8	6	3	5	4	7
9	6	4	1		8		5	2
7	3	8	2	5	9		1	6
5		2	4	3	6	8	7	9
6	9	1		8	5	7		4
2	8	5	6		7	1	9	3
3	4	7	9	2			8	5

Puzzle 88

	6	1	4	2	5	7	8	9
4	9	2	3		7	5	6	1
5		7	1	6	9	3	4	2
8	5	4	2	3	6	1		
	2	3	8	7		4	5	6
1	7	6	5	9	4	8	2	3
7	4	9	6	5	3	2	1	8
2		5	9	1	8	6	7	4
6		8	7	4	2	9		5

Puzzle 89

8	2	9	7	3		1	5	4
3	5	4	1		2	7	6	9
6	7	1	4	9	5	8	3	2
1	6	7		4	9	5	8	3
2	3	8	5	7		9	4	6
4	9	5	8			2	7	1
9	1	3	6	5	7	4	2	8
7	8	6	9	2	4		1	
5	4	2		1	8	6	9	7

Puzzle 90

4	3	2	5		9	7	8	1
1	8		3	4	7	5	2	6
5	6	7	8	1	2	3	9	4
	1	8	7		4	9	3	2
3	9			2			5	
2	7	5		9	3	6	4	8
8		1	4	3	6	2	7	9
7	2	3	9	8	1	4	6	5
9	4		2	7		8	1	3

Puzzle 91

1	9	8	2	5	7	4	6	
2	4	7		3	6	9	5	8
5	6	3		4	9	2	7	
7	5	2	9	1	3	8	4	6
4	3	9	5	6		1	2	7
8	1	6	4		2	3	9	5
6	2	5	3	9	1	7	8	4
9	7	1	6	8			3	2
		8	4	7	2	5	6	1	9

Puzzle 92

6	4			5	7	3	9	1
3	9		1	4	6	2	7	5
7		1	3		9	4	8	6
5	7	6	9	3	4	1	2	8
2	8	3	5		1	9	4	7
9	1	4	2	7		5	6	
		9	4	1	3	7	5	2
4	3	5	7	8	2	6	1	9
1	2	7	6	9	5	8	3	4

Puzzle 93

4	5	6	9	3	8	2	1	7
3	7	8	6	1		4		5
9	2	1		5	7	3		8
5		4	2	9	1	7	8	6
2	6	9	7	8	5	1	3	4
8	1	7	3	6	4	5	2	9
6		5	1		3	9	4	
1	9	2	5	4	6	8	7	3
7	4			2	9	6	5	1

Puzzle 94

1	2	9	8	7	6	4	3	5
7	5	6	4	3	9	2	8	1
3	4	8	5	1	2	9	6	7
6	8	2	9	5	7		1	4
4	9	3	1		8		7	2
5			3	2	4	8	9	6
9	7		2	4			5	8
8		4	7	9	5	1	2	3
2	3		6	8	1		4	9

Puzzle 95

6	5	4	1	2	9	8	7	3
2	1	7	8	6	3	9	4	5
8	9	3	5	4	7	2		6
4	3	5	7	9	8	6	2	
7	2	9	6	5			8	4
1	8	6	2	3	4	7	5	9
9	6		4	7	5		3	2
		2		1	6	4	9	8
3	4	1	9	8	2	5		7

Puzzle 96

9	3	6	8	7	4	2	1	5
8	2	5	6	3	1		7	4
7	4	1	2	5	9	8		
2	5		4	8	3	1	6	9
		1		5	9	6		8	2
6		9	1	2	7		5	3
1	6		7	4	2	5	9	8
		9	2	3	1	8	6	4	7
4	7	8	9	6	5	3	2	1

Puzzle 97

2	7	3	5	9	4	8		
4	5	8	1	6	7	2	9	
9	1		8	3	2	5	7	4
8	4	9	6		3		2	5
6	2	1	4	5	8	7	3	9
		7	9	2	1	4		
1	6	5	2	8	9		4	7
7	8	2	3	4	6	9	5	1
3	9	4	7	1	5		8	2

Puzzle 98

4	9	7	2	3	1	8	6	5
		8	9		7	3	1	4
3	6	1	5	4	8	7	2	9
1	4	9	7	8	6	2	5	3
6	5		4	9	3	1	7	8
	7	3	1			9	4	
7	1	6	8	5	9		3	2
9	3	4	6	7		5	8	1
2	8		3	1		6	9	7

Puzzle 99

		6	4		8	3		1
3	9	8	7	1	2		5	4
2	1	4	3	5	6	7	9	
9	3	2	1	7	5	8	4	6
7	4	1		8	9	2		
8	6	5	2	4		9	1	7
1	8	3	5	2	7	4	6	9
4	2		8	6	1	5	7	3
6	5	7	9			1	8	2

Puzzle 100

5	7	8	3		6	2	4	9
6	3	4	5	2	9	8	7	1
9	1	2	8	4	7	6		3
8	2		7	6	3	1	9	
3	4	1	2	9		7	6	5
7	6	9	4		1	3	8	2
	9	7	6	3	2	5	1	8
1	8	3	9	7	5	4	2	6
2	5	6			4	9	3	7

Puzzle 101

3	5	2	4		7	9	6	8
8	7	9	6	2	5	1	4	3
1	4	6	9	3	8	7	5	2
5	6	7	3	9	1	8	2	4
2	8	1	5	7	4	6	3	
9	3	4	2	8	6	5	7	1
	2			5	3		9	7
4	1		7	6			2	5
7				8	4		3	1	6

Puzzle 102

8		6	4	1	5	9	2	7
4	2		7	8	6		5	3
	7	1	2	3	9		4	8	6
2	4	5	8	9	7		6	
9	1	3	6	2	4	8	7	5
7	6	8	3	5			2	9	4
1	5		9	6	8	3	4	2
6	8	2	1		4		7	5	9
3	9	4	5	7	2	6		8

Puzzle 103

3	9	6	4	7	1		2	5
4			6	8	5	9	3	1
1		5	2	3	9			6
	4	3	5	1	6	2	8	9
	1	2	3	9	4	6	5	7
5	6	9	7	2	8	3	1	4
6	7	8		4	3		9	2
2	3	1	9	5		4	6	8
9	5	4	8	6	2	1	7	3

Puzzle 104

	3	5	4	2	6		1	9
	4	7	8	9		5	3	2
1	9	2	5	3	7	6		4
9	1	3	6	7	5	4	2	8
7	2	4	1	8			9	5	6
5	8	6	9	4			3	7	1
4	7	1	2	5	9	8	6	
3	6	8	7		4	2	9	5
		5		3	6	8	1	4	7

Puzzle 105

7	8		6	2	1	9	4	5
2		5	4	3	9	7		
4	9	6	5	8	7	3	1	2
1	7	2	3	9	4	8	5	6
9	5		2	7	6	1	3	
3	6	4	8	1	5	2		7
6	2	1	7	4	3		8	9
8	4		1	5	2	6	7	3
5	3		9	6	8	4	2	1

Puzzle 106

1	4		3	7	5	8	2	9
2			9		8	3	1	4
8	9	3	2	1	4	5	6	7
6	7		5	2	3	9	4	8
9	2	8	6	4	7	1	3	5
4	3	5	1	8	9	6		2
3		4	8	5		7	9	6
5		2	7		1	4		3
7	8	9	4	3		2	5	1

Puzzle 107

4	6	7	9	1	5	2	8	
2	1	5	6	3	8	7	9	4
8	3	9	4	2	7	6	5	1
1	5	3	2		6	8	4	7
	8	2	3	7	4	5	1	9
9	7	4	8			3	2	6
3	9	8	7	4	2	1		5
	4		1	8	3	9	7	2
		2		5	6	9	4	3	8

Puzzle 108

	2	1	5	9	4	7		6
3	7			2	1	5	4	8
5	4	6	3	7	8	1	2	9
7		8		6	2	4	9	
2	9	5	7	4	3	8	6	1
1	6	4	9	8	5	2	7	3
4	1	7	8		6	9	5	2
	8	3	2	5	7	6		
6	5	2	4	1	9	3	8	7

Puzzle 109

5	1	3	2	8	6	7	9	4
8	9	6	4	5	7	1		3
4	2	7	3	9	1	8	5	
9		5	6	3	8	2	4	1
3		8	1	2	4	9		5
2	4	1		7	5	3	6	
1	8	9	5	6	2	4	3	7
	5	2	8	4	3	6	1	9
6		4	7	1	9	5		2

Puzzle 110

		6	8	9	2	4	7	1
4	2	1	3	7	6	5	9	8
7	8		1	5	4	2	3	
9	7	2		8	3	1	6	5
6			9	2	5	7		3
3	5	4	7	6	1		2	9
2	9		6	4		3	1	7
1	4	7	5	3	9	6	8	
8	6	3	2	1	7	9	5	4

Puzzle 111

6	3	9		8	4		7	1
7	5	8	3	1	9	2	6	4
4	1	2		7	6		3	9
	9	5			3	6	1	8
1	8	7	6	2	5	4	9	3
	4	6	8	9	1	7	5	2
5	2	1	9	6	8	3	4	7
8	6		1	3	7	9		5
9	7	3	4	5		1	8	6

Puzzle 112

4	2	7	5	1	3	6		8
8	5	3	7	9	6	2	1	4
9		1	8	4		3	5	7
5	7	6	1	8	4	9	3	2
		9	3	5	7	4	6	1
3	1		2	6		8	7	5
6	9	2	4	7	1	5	8	3
7	4	5		3	8	1	2	6
1	3	8			5	7	4	9

Puzzle 113

1			7	6	2	8	4	3
6	4	2		8	3	9	1	7
3	8	7	4	9	1	2	6	
5	7	3	6	1	9	4		2
8	2		3	4	7	5	9	6
4	6	9	8	2	5	7	3	1
7	1		9	5	4		2	8
2	5	4		3	8		7	9
9	3	8	2	7	6		5	4

Puzzle 114

8	1	3	6	7	2	4		9
6		4	8		9	1	7	3
	5	9	3	1	4	2	6	8
2	4		9	8		5	1	6
	6	5	2	4	1	8	9	7
1		8	7	6		3	2	4
4	8			2	7	9	3	5
5	3	1	4	9	6	7	8	2
9	7	2	5	3	8	6	4	1

Puzzle 115

3		7	2	8	4	9	5	6
4	9	8	1	6	5		7	3
2	6	5		9	3	4		8
9	7	1		2	6	3	8	5
	3	2	8	5	9	7		1
8	5	4	3	7	1	6	2	9
7	8	9	5	3	2	1	6	4
5		6	9		7	8	3	2
1	2	3	6	4		5	9	7

Puzzle 116

7	2	5	6	1		9	8	3
9	1	4	2	8		7	6	5
6				9	5	4	1	2
3	4	7	8	6	2	1		9
5	6	8	1		9	2	4	7
2	9	1		5	7	6	3	8
4	7	6	5	2	8	3	9	
1	5	9	3	7		8	2	4
8			9		1	5	7	6

Puzzle 117

7	4	1	2	6		3		
6	2			7	9	4	5	1
8	5	9	3	4	1	7	2	
4		2	7	3	6	9	8	5
3		5		9	8	2	6	4
9		6	5	2	4	1	3	7
2	3	8	4	5	7	6	1	9
1	9	4	6	8	3	5		2
5	6	7	9		2	8	4	

Puzzle 118

2	9	5	6	1			8	7
6	1	7	9	8	3	5	4	2
8	3	4	5	2	7	6	1	9
1	6	3		7	5	2	9	8
5	4	2	1	9	8		3	6
9		8	2			1	5	4
7	8	9	3	6	1	4	2	5
4	2	1	7	5	9	8		3
	5	6	8	4	2	9	7	1

Puzzle 119

4	6	1	9	8	5	7	3	
7	3		4	1	2	9	6	8
	2	8	7	3	6		5	1
5	7	9		2	4			6
1	8	6	3	7	9	2	4	5
3	4	2	6	5	1		9	7
6	1	7	2	9		5	8	4
8	9	4		6		1	2	3
		3	1	4	8	6	7	9

Puzzle 120

8	7	1	4		6	2	5	3
9	2		8	1	5	6		4
5			3	2	7	1		
6	8	9	7	3	1		2	5
7	3	2	6		4	9	1	8
4	1	5	9	8	2	7	3	
1	5	6	2	4	8		9	7
2	9	7	5	6	3	8	4	1
3	4	8	1	7	9	5	6	

Puzzle 121

1	9	3	4	5	8	2	6	7
4	7	8	1	6		9	3	
6	2	5	3	7	9	4		8
9	1	7	2	4		5	8	6
8		4	5	9	6	7	2	1
5	6	2	7	8	1		9	4
	5	6	9	1	4	8	7	3
7	8	9		3	5		4	2
3	4	1	8	2	7	6		9

Puzzle 122

	1	4		8	7	5	2	6
2	5	8	4	1	6	7	9	3
7	6	3	9	5	2	8	1	4
3		2	1	9	5	4	6	7
6		5	2	7	4	3	8	1
	4	7	8	6	3	9		
5	7	1		4	9	2	3	8
4	3	6	5	2	8	1	7	9
8	2	9	7	3		6	4	5

Puzzle 123

1	9	7	3	5	8	6	4	2
2		3	6	1		9	8	7
8	6	4	2	7	9	3	1	5
3	1	6	9	2		8	5	4
7	2	5			6	1	9	3
9	4	8	5	3	1	2	7	
4	3	9	8	6	5	7		1
6	8		7		2		3	9
5	7	2	1	9	3	4	6	8

Puzzle 124

1	7	9	5	4		6	3	8
6	3	8	1	9	7	2	4	5
2	4		6	8		9	1	7
4	5	3		7	9	8	6	1
8	1	2		6	5	3	7	9
7	9	6	3	1	8	5	2	4
3	6		9	5	4			2
9	2	7	8	3	1		5	6
5	8	4					9	3

Puzzle 125

7	8	2	6	3	5	4	9	1
3	6	9	2	4	1		8	5
	5	1		7	8	3	2	6
1	2	3	5	6	7		4	8
	7	6	1	8	4		3	2
8	4	5	3			1	6	7
6	1	7	4	2	3	8	5	9
	3	8	7	5	9	6	1	4
5	9	4	8	1	6	2		3

Puzzle 126

	9	8	7	4	1	6	2	
4	2	1	8	3	6	9	5	7
6	7	3	2	5	9	1	8	4
8	5	2		9	4	3	7	6
3	4			2			8	1
1	6	7	3	8	5	2	4	9
2		5	4	6	8			
	8	4	9	1	3		5	6
9	1	6	5	7	2	4	3	8

Puzzle 127

3	9	5	1	2	6	4	8	7
2			5	8	7	3		6
7	6	8	9	4	3	2	5	1
6	8	9	4	3	2	1	7	
5	4		6	7	1	8		9
1	2		8	5	9	6	4	3
9	7	1	2	6	8	5		4
8	5	6	3	9	4	7	1	2
4	3	2	7	1	5		6	8

Puzzle 128

8	5		2	9	4	3		
	1	9	3	8	6	4	7	5
6	3	4	5	7	1		2	9
3	6	2	8		9	1		7
5	7		6	4	3	9	8	2
4	9	8	1	2	7	6	5	3
9	4	6	7	3	2	5	1	8
	2	5	9	6	8		3	4
7	8	3	4	1	5	2	9	6

Puzzle 129

9	8	5	1	4	3	2	7	6
7	3		5		9	1	8	4
6	4	1	8	2	7	9	5	3
	7	9	2	8	5		4	1
	2	8	7	1	6		9	5
5	1		9	3	4	8		
2	9		6	7	1	5	3	8
8	6	7	3	5	2	4	1	9
1	5	3	4		8	7	6	2

Puzzle 130

1	2	7	3	6	9	4	5	8
8	6		5	4		2	1	3
4	3	5	1	2	8	7		
6	1	3	2	7		8		9
9	4	2	6		1	3	7	5
5	7	8	9	3	4		6	2
7	9	1		5	2	6	3	4
3	8	4	7	9		5		1
2	5	6	4	1	3	9	8	7

Puzzle 131

6	8	5	9	7		2	1	3
2	9	7		3	1	6	5	4
1	3	4	2	5	6	7	9	8
	1	2	4	9	5	3	7	6
9	5	3	6	2	7		4	1
7	4	6	3	1		9	2	5
3	2	1	5	8		4	6	7
4		9	1	6	3	5	8	2
5				7	4	2	1	3	9

Puzzle 132

7	1	4	9		3	2		8
2	5	3	1	6	8	4	9	7
		8	9	7		4		1	3
3	6	5	8	9	7	1	2	4
8	4	7			2	9	3	5
9	2	1	4	3	5	8	7	6
4	9	2	5	7	6	3	8	1
1	7			4	9	6		2
5	3	6	2	8	1	7	4	

Puzzle 133

2	9	1	5	8	4	7	3	6
3	4	8	2	7	6	1	9	5
5			3	1	9	2	8	4
6	8	5		4	7	9	2	3
4	2	9	6	3	8	5	1	7
1	3		9	2	5		6	
8	1	3	7	5	2	6		9
9	5	2	4	6	3	8	7	1
	6	4	8	9	1		5	2

Puzzle 134

6	1	7	3		4	9		5
5	3	8	1	9	2	6	4	7
4	9	2		7	5	8	3	1
8	6		2	5	1	4	7	
	5		4	3	8	2	1	6
1	2	4	7	6	9	5	8	3
9	8	1	5	2	7	3	6	4
3		5	8	1	6		9	2
2	7	6	9	4	3	1	5	8

Puzzle 135

7	8	3	2	9	1	6	4	5
	1	5		6	4	8	2	7
	2	4	7	8	5	9	1	3
1	9	8	5	4	3	2	7	6
5	4		1	2	6	3		
	6	2	8			1	5	4
4	7	1	9	3	2	5	6	8
2	3	6	4			7	9	1
8	5	9	6	1			3	2

Puzzle 136

1	5	9	3	8	4	2	6	7
2	4	3	1	7	6	5	9	8
8	6	7	5	9	2	4	1	3
7		1	2	6	9		5	4
5	2	4	7	3	1			9
9	3		8	4			2	1
3	1	5	9	2	7		4	6
6	7	2	4		8	9	3	5
4	9	8	6	5	3	1	7	2

Puzzle 137

9	7	5	1	3	6		2	8
2	1	8	9	5		6	7	
4		6	2		8	1	9	5
6	2	1	4	8	7		5	9
3	5	7	6	2	9	8		4
	4	9	3	1	5	2	6	7
5	8	4	7	6	2	9	3	1
7	6	3	8	9		5	4	2
1	9	2	5		3	7	8	6

Puzzle 138

2	4	8	7	9	6	3	1	5
6	9	3	2	5	1	7	4	8
1	7	5		3			9	
8	2	6	3	7	9			
9	1	4	6	2		8	7	3
3		7	1	4	8	6	2	9
5	3	2	9	8	7	4	6	1
7	6	9	4	1	3	5	8	2
	8		5	6	2	9	3	7

Puzzle 139

3		4	2	8	5	6	9	1
5		8	3	1	6	2	4	7
6	1	2	9	7	4	5	8	
9	3	6		2	7	4		8
8	4	7	6	9	1	3	5	2
2		1	8	4	3	7	6	
1	2		4	3		9		6
4	8		7	6	9	1	2	5
7	6	9	1	5	2			4

Puzzle 140

8	9	4			5	6	2	1
2	6		8	4	9	7	3	5
5	3		6		1	8		9
9	5	2	1	8		3	6	7
7	1	8	5	6	3	2	9	
3	4	6	2	9	7	1	5	8
1		3			2		8	6
6	2	5	9	1		4	7	3
4	8	9	3	7	6	5	1	2

Puzzle 141

		9	5	3	1	7	6	4
1	4	5	2	6	7	8	3	9
7	6	3	9	4	8	5		1
4	3	7	1	9	5	6	8	2
6	1	8	4	7		9		3
5	9	2		8	3		1	7
	7		3	1	9	2	4	
9	2	1	8	5	4	3	7	6
3		4	7	2	6			8

Puzzle 142

9	5	2	7	6	8	4	3	1
6	4	3		9	2	8	7	5
	1	7	3	4	5		6	
7	6	1	4	2		5	9	8
2	8	4	9	5	7	3		6
3	9	5	6	8		2	4	
5	3	9		7	6	1	2	4
1	2	6	5	3	4	7	8	9
4	7	8			9		5	3

Puzzle 143

3		9	8	4	2	6	1	7
8	2	4	7	6		5	9	3
	7	1	3	5	9	2	4	8
2	8	5	1	9	7	3	6	4
4		7	2	3		1	8	5
1	6	3	5	8	4	9	7	2
9	1	2	4	7	5	8		
5	4		6	1	3		2	9
7	3				8	4		1

Puzzle 144

8	3	4	6	5	1	9	7	2
7		1		9	2	4	6	3
2	9	6	3	7	4	8	5	1
5	2	7	1	3	8		4	9
1	8	3	4	6		5		
6	4	9	7		5	1	3	8
9	6	5	2	1		7		4
	7		9	4	6	2	1	5
	1	2	5	8	7	3	9	6

Puzzle 145

	4	9	6	2	5	7		1
5	1	8	4	7	3	6	2	9
6	2	7		8			4	3
9	8	1	3	5	7		6	
2	6	5	1		9	8	3	7
7	3	4	8		2	9	1	5
8		3	7	1	4	2	5	6
1		6	2	9	8	3	7	4
4	7	2	5	3	6	1	9	8

Puzzle 146

5	9	8	3	1	6	7	2	
3	6	7	2	5	4	8	1	9
1	2		8	9	7	5		3
7	4	3	5	2	9	1	8	6
2	1		7	3	8	4	9	5
9	8		4	6	1	3	7	2
8	5	1		4	2	9	3	7
		2	9	8	3	6	5	1
	3	9	1	7	5	2	4	8

Puzzle 147

8	4		6		3	2	9	7
3		9	5	7	2	8	1	4
2	1	7	8	4	9		5	6
6		3	4	2		1	8	5
1	5	4	3	6	8			2
7	8	2		5		6	4	3
5	3	8	2	9	4	7	6	
4	2	1	7	8	6	5		9
9	7	6	1	3	5	4	2	8

Puzzle 148

4	1	5	7	8	2	3	9	6
	6	3	1	5	9	4	7	2
7	9	2		4	6	8	1	5
6	8	9		2	3	7		1
2		7	5	9	1		8	3
5	3	1	6	7	8	2	4	9
1		6	8	3		9	2	4
9	5	4	2		7	1	3	8
3	2	8	9	1	4	5	6	7

Puzzle 149

1	4	8	3	9	6	7	5	2
	7	2	8	4	1	9	6	3
6		9	2	7	5	1		
9	6	4	7	2	8	3	1	5
7		1	4	6	3		2	9
2	8	3		1	9	4		
3	9		1	5	7	2	4	8
4	1	5		8	2	6		7
	2	7	6	3	4	5	9	1

Puzzle 150

3	2	9	1	5	8	4	7	6
4	1	8	6	9	7	2	3	5
7	5	6	4		2	8	1	9
5		3	9	6	4	1	8	2
8	9		5	2		6		7
2	6	4	7	8	1	5	9	3
9	4	7	2	1	5	3	6	8
6	3			4	9		5	
		8	5	3	7	6	9	2	4

Puzzle 151

8	2	4		1	3	9	7	6
3	6	9	8	7	4		2	5
7	1	5	2	6	9	3	4	8
9	4	8	7	3	2	5	6	1
5	3	2	1	4	6	8	9	
6	7	1	9	8	5		3	2
4		3	6					9
2	9	7		5	1	6		
1	8	6	4	9	7	2		5

Puzzle 152

9			1	6		2	5	8
1	8	2	9	7		6		3
5	3	6	4	2	8	1	9	
4	6	8	3	9	1	7	2	5
7	5	3	6	8	2	9	1	4
		9	1	5	4		3	8	6
6	1	5	2		4	8	7	
8	2	9	7	5	6		3	1
3	4	7		1	9	5	6	2

Puzzle 153

8	7	4	9	2	6	1	5	3
1	9	3		5			2	6
2		6	3	1	4	8		9
6	3	1	5		8	2	4	7
5	8	7	6	4		3	9	1
		2	9	7	3	1	5	6	8
9	4	8	2	7	3	6	1	5
7	6	2		8	5	9	3	4
3	1	5	4	6	9	7	8	2

Puzzle 154

9	2	5	1	4	8	7	6	3
7	4	1	6	5	3	9	8	2
8	6	3	9			5	4	1
2	1	6			4	3	7	
	5	7			2	1	9	4
4	8	9	7		1	6	2	5
	9	8	2	1	6	4	3	7
1	7	4	3	8	9	2	5	6
6	3	2	4	7	5	8	1	9

Puzzle 155

4	6	5	9	3	1	7	8	2
3	2	1	7	8	6	5	9	4
8	9	7	5	4		6	1	3
	5	4	6	7	9	8	3	
	3	8	1	5	4	9	2	
1	7				8	4	6	5
7	1	2		9	5	3	4	6
9	4	3	2	6	7	1	5	8
5	8	6			3	2	7	9

Puzzle 156

5	9	3	6	2	8	7	4	1
6	2	8	1	7	4		9	5
	4	1	5	9	3	2	8	
	1	6	4	3	5	8	7	9
9	5	4	2	8	7	6	1	3
8	3	7		6	1	4	5	2
	6	5	8		2			7
3	8	2	7	5	9			4
1			3	4	6	5	2	8

Puzzle 157

3	9	7	4		1	6	2	8
5	4	8	2	6			1	9
2	6	1	8	7	9	4	3	
4	7	3	1	8	2	5		6
6	2	5	9	3		8	4	
1	8	9	5	4	6	3	7	2
	3		6	2	5	1	8	7
7	5	2	3		8		6	4
8	1	6	7		4	2	5	3

Puzzle 158

	2		1	6	3	7		9
6	5	9	4	2	7	8		1
1	7	3		8	5	4	6	2
2	9		7	5	6		4	
5	1	6	3		9	2	8	7
4		7	8		2	6	9	5
7	8	2	5	9	4	3	1	6
9	6	1	2		8	5	7	4
3	4	5	6	7	1	9	2	8

Puzzle 159

7	6	8		1	4	5	2	9
2	5	3	8	7	9	4	6	
4	1	9	6		5	8	3	7
8	4	1	2	9	7		5	6
3		7	5	8	6	1	9	4
6	9	5	1	4	3		8	2
	3	4	7		2	9	1	8
1	7	6	9	5	8	2		3
9	8	2	4	3		6	7	5

Puzzle 160

4	2	9	7	6	5		1	3
5			4	9	3	6	7	2
3	6	7	8		1	9		5
1		6	5	7	2	3	8	4
2	7	4	9	3	8	5		1
8	3	5		1	4	2	9	7
7		3	1	8	6	4	2	9
9	8	2	3	4	7	1	5	6
6		1	2		9		3	8

Puzzle 161

	5	8		4	3	2	7	9
4	7		9	5	2	8	3	6
9	2	3		7		4	1	5
7		5	3	2	6		8	4
1	4	6		9	7		5	
3	8	2		1	4	6	9	7
2	1	7	4	8	9	5	6	3
8	6	9	2	3	5	7	4	1
5	3	4	7	6		9	2	

Puzzle 162

1	9	6	8	2	4	3		7
3	4	2	7	9	5	1	6	8
7	8	5		3	1		4	
4	3	8		1	2	7	9	6
9	2	1	3	6		5	8	4
5	6	7	9		8		1	3
6	5	3	4	7	9	8		1
2	7	9	1	8	6	4	3	5
		4	2	5	3	6	7	9

Puzzle 163

6	2	7	5	1	9	4	8	
	3	9	7	4	8	2	1	6
8	1	4	3		2	7	9	5
1		3		8	5		4	2
9	5	6	4	2	1	8	3	
4	8	2	9	3	7	6	5	1
7	6	1		9	3	5	2	4
2	9	5	1	7	4	3		8
3	4					1	7	9

Puzzle 164

7	1	9	3	8	4	6	2	
	3	2	7	5	6	1	9	4
6			1	2	9	8	3	7
4	7	1	6		8	3	5	2
5	6	3	4	1		9	7	
9	2	8	5	7	3	4	6	1
		5	2	4	1	7	8	6
	4	6	8	3		5	1	9
1	8		9	6	5		4	3

Puzzle 165

8		9	1	5	7		3	2
7	2	5		3	6	1	4	
6	1	3	9	2	4	5	8	7
9	7	1		4	3	8		6
4	3	8		6	9	2	7	1
2		6	7	1	8		9	
	9	4	6		2	7	1	5
5	8	2	4	7	1	9	6	3
1	6	7	3	9	5	4	2	8

Puzzle 166

8	1		2	3	5	4	7	6
	5	6	1	4	7	8	9	3
4	7	3	9	6	8	2	5	1
	3		7			1	8	
5	2	1	6	8	3	9	4	7
7	9	8	4	1	2	6		5
9	6	7	3	2	4	5	1	8
1	4	5	8	7	6	3	2	9
3	8	2	5	9		7	6	4

Puzzle 167

6	4	2		5	9	3		8
7	9	5	3	6	8	1	4	2
3	8	1	7	2	4		6	9
4		3	2	7	6	8	9	5
9		8	4	1	5	6	2	3
2			9	8	3	4	1	
8	6	4	5	9	2	7	3	1
1	3	9	8	4	7	2		6
5	2	7	6	3	1			4

Puzzle 168

9	5	4	8	7	1	3	2	6
6	7		5	4	2		1	9
	1		9	6	3	7	5	
4	3	5	2	8		6	7	1
2	8	9	6	1	7	4		5
7	6	1	3	5	4	9	8	2
5	9	6	1		8	2	4	7
1			7	2		5	9	3
	2	7	4	9	5	1	6	8

Puzzle 169

9	5	2	7		4	1	3	6
6	3	1	5	2		4	7	8
8	4	7	6	1	3	2	5	9
1		6	4		2	7	8	3
2	7	4	9	3		5		
5	8	3	1	6	7	9	2	4
3	1	8	2	9	5	6		7
7	2	9	8	4	6	3		5
	6		3	7	1	8	9	

Puzzle 170

4	5	3	8	6	1	2	9	7
9	6	2		7	3		8	1
8	7	1	9	2		4	6	3
6	8	4	5	9			1	2
	2	9	3	4	6	8	7	5
7	3	5		8		9	4	6
	4	7	2	1		6		9
3	1	8	6	5		7	2	4
2	9	6	7	3	4		5	8

Puzzle 171

	6	4		2		8	1	9
2	9	3	8	4	1	7	6	5
	8	1	5	6	9	3	2	4
9	7	5	2	3	4	6	8	1
3	1	8		5	6		7	2
	4	2		7	8	9		
4	3	6	7	1			9	8
8	5	7	4	9	2	1	3	
1	2	9	6	8	3	5	4	7

Puzzle 172

	6	2	7	3	4	1	8	9
	1		6	5	9	7	3	2
9	3	7	8	2	1	6		5
2	8	9	4	1	5	3	7	6
6	5	1	3	9	7	4	2	8
7	4	3	2	8	6	5	9	1
3	7	8	1	6			5	4
	2	5	9		3	8	6	7
4	9		5	7	8	2	1	3

Puzzle 173

8	7	2	5		6	4	3	1
5	1	4	8	2	3	6	7	9
6	9	3	4		1	5	8	2
2	3	5	6	8	9	1	4	7
	4	6	1	3	2	9	5	8
	8	9	7	4				3
4	5	7	9	1	8	3	2	6
	2	8	3	6		7	1	5
3		1	2	5	7	8	9	4

Puzzle 174

9	5	8	3	4	1	6	7	2
7	4	1	2	8	6		5	9
2	6		5	7	9	4	8	1
	9	6		3	4	7	2	5
	3			5	2	8	9	6
5	7		9	6	8	1		3
		7	4	1	5	9	3	8
4		9	6	2	3	5	1	7
3	1	5	8	9	7	2	6	4

Puzzle 175

6	3	1	4	2		5	7	8
5	8	9	6	3	7	1	2	4
7	4	2	1	5	8		3	6
2	9	6	5	4		3	8	7
	7	8	9	6		4	5	1
4		5		8	3		9	2
9	6		2	7	5		1	3
1	2	3	8	9		7		5
8	5	7	3	1	6	2	4	9

Puzzle 176

1	7	5			9	6		
8	4	6	7		3		2	1	9
3		9	6	1	8		5	7	4
9	3	8	5	7	2		1	4	6
5	1		9	4	6			8	
2	6	4	8		1	9	5	
4	5	3	2	6	7	8	9	1
7	9	2	1		5	4	6	3
6	8	1	3	9	4	7	2	5

Puzzle 177

	6	1	3			9	7	2
7		3	9	6	2	4	8	1
8	9	2		7	1	3	5	6
3		4	8	2		5	6	9
	7	6	1	5		2	3	8
5		8	6	9	3	1		7
1	8	5	7	3	9	6		4
2	4	7	5	1	6	8	9	3
	3	9	2	4	8	7	1	5

Puzzle 178

7			4	5	6	1	9	3
1	5	6	8	3	9	7	4	2
		9	3	1	7	2	6	8
3	2	1	7	8	4		5	6
8	6		3	9	1		2	7
9	7	4	2	6		8	3	1
5	1	9	6	2	8	3	7	
2	3	8	5	4	7	9	1	
6		7	9	1	3		5	8

Puzzle 179

		1	2	6	9	7	4	
3	6	9	5	7	4	8	2	1
7	2	4	3	1	8	9	6	5
1		2	8	3	5	6	9	
5	9	8	7		6	1	3	2
4		6	9	2	1	5	7	8
9	1	3	4	5			8	
6		4	7		8	2	3	5	9
2	8	5	6	9	3	4	1	7

Puzzle 180

8	3	5	9		4	7	1	6
4	7	6	8	1	3	2	9	5
1	2	9	5	7	6	8	3	4
9	6	1	2	8		5	4	
7	5	3			9	6	2	8
		8	4	3	6		1		9
5			6	9	1	3	8	7
6	9	8	7	3	2	4	5	1
3	1	7	4	5	8		6	2

Puzzle 181

1	4	6		7	8		2	3
2	9	7	6	4	3	5	8	1
8	3	5	9	2	1	7	6	4
	6	3		8			4	9
4	5	2	3	1		8	7	6
9	8	1	7		4	3	5	2
5	1	4	8	3	6	2		7
	2	9	1		7	4	3	8
3	7	8	4	9			1	5

Puzzle 182

1	5	4	8	3	6	9	2	7
8	3	7	1	9		4	6	5
6	2	9		7		3	1	8
7	9	8	2	1		6	3	4
5	4	3	7		9	2	8	1
2		1	3	4	8	7	5	9
4	1	2	6	5	7	8	9	3
9		5	4	2	3		7	6
3	7		9	8	1	5	4	2

Puzzle 183

7	8	1	2	5	3		4	
3	4		7	8			1	
9	5	2	4	1	6	7	8	3
1	3	4	8	6		2	9	5
	6	8	9	3	2		7	4
2	7	9	1	4	5	3	6	8
6	9		5	2	4	8	3	1
8	2	3	6		1	4	5	9
	1	5	3			6	2	7

Puzzle 184

6	2	7	8	9	3	4	1	5
5	9	3	6	4	1	8	7	
8	4	1	7	5		3	9	6
2	3	6	4	8	9	1	5	
1	8	4	2	7	5	6	3	
7	5	9	1	3	6	2	8	4
	6		3		7	5		8
3		8	5	6	4	9	2	1
	1		9	2	8	7	6	3

Puzzle 185

6	5	4	9	7	3	1	8	2
1	2	7	6	4	8	9		3
9		3			5		4	6
3	4	1	8	2		5		7
7	6			5	1	2	9	4
2	9	5	7	6	4	3	1	8
	3	2	5	9	6	4	7	
5	1	6	4	3		8	2	9
4	7	9	1	8	2	6	3	5

Puzzle 186

	8	6		9		2	7	1
	4	7	6		2	3	5	8
2	1	3	5	7	8	4	9	6
3	7	1	9	6	5	8	2	4
8	5	4	7		3	1	6	9
6	2	9	8	4	1	7	3	5
7		8	4	5		9	1	
4		2	1	3		5	8	7
1	9	5	2		7	6	4	3

Puzzle 187

2	6	5	7	4	8	1	9	3
9	3	1	6		5	4	8	7
7	8	4	9	1	3	5	2	6
5	4	2	1	7	6		3	8
8	7		4		9	6	1	2
	9	6	8	3		7	5	4
6	1	8	3	9	7	2	4	
4	5	7	2	8	1		6	9
3	2	9	5	6	4	8	7	

Puzzle 188

5	6		2	1	3	7	9	8
2	9	1	7	4		5	3	6
3	7	8	5	9	6	4	2	1
6	5	9	4	2	7	8	1	3
8	2	3	6	5	1	9	4	7
4	1	7	8	3	9		6	
9	4	6	1	8			7	
7	8	2		6	4	1	5	9
1	3	5		7	2	6	8	4

Puzzle 189

5	7	8	4	1	6	2	3	9
4	3	2	5	8	9	1	7	6
6	9	1	2	3	7	4	8	5
2	6	3	7	4	1			8
9	1	4		5	8	7	6	2
8	5	7		6	2	3		1
3	4	9	8	2	5	6	1	7
1		5	6	7	4	9	2	
		2	6	1	9	3	8		4

Puzzle 190

		7	5	8	6	1	3	4
			4	2	7	9	8	5
	8	5	9	1	3	2	6	7
8	6	2	7	9		3	5	1
1	7		3				2	6
5	3	4	1	6	2	8	7	9
3	2	1	6	7	9	5	4	8
7	5	8	2	4	1	6	9	3
		4	6		3	5	7	1	2

Puzzle 191

9	8	6				7	1	4
5	1	4	7	6	8	9	3	2
3	7	2	1	4	9	8	6	5
7	9	3	8	5	6		2	1
8	2	5	3		4	6	7	9
4	6	1	9	2	7	5	8	3
		9	6	8	3	1		7
1	3	8	4	7	5	2	9	
6	5	7	2	9	1	3		

Puzzle 192

9	4	7	2	5	1	3	8	6
	6	2	7	3	4		5	9
5	3	1	8	9	6	2	4	7
3	5		6	4	7	9	1	2
2		9	1	8	3	6	5	
6	1	4	9	2	5	8		3
4	8	3	5	1	2	7	6	9
1	9	6		7	8	4	2	5
7	2		4	6	9		3	8

Puzzle 193

5	4	2	1	6	3	8	9	7
7		9		5	8	4	6	3
3	8	6		4	7	1	2	
4	3	5	6	9	2		1	8
	2	8	5	7	1	3	4	9
1	9	7	3	8			5	2
2	6	4	7	3	5	9	8	1
8	7	1	4	2	9	5	3	6
9	5	3	8	1		2	7	4

Puzzle 194

6		2	8	9	5	1		3
9	4	8		3		5	6	2
5	1	3	4	2	6	8	7	9
2	8	7	1	6	4	9		5
4	6	5	9	8		7	2	1
1	3	9		5	7	4	8	6
	5		6		9	2	1	8
7	2	6	5	1	8	3	9	4
8	9		3	4	2	6	5	

Puzzle 195

2	1	6	3		5	4	9	8
7	4	5		9	8	3	2	1
3	9	8	4	1	2	7	5	6
6	2		7		1	5	3	4
	7	3	2	5	6	1	8	9
5	8	1	9	4		6	7	2
1	3	7	8		4	9	6	5
8	6	4	5	3	9	2	1	7
9	5	2		6	7		4	3

Puzzle 196

5	8	7	6	1	2	9	3	
1	6	4	8	9	3	2	5	
3	9	2	5	7	4	6	1	8
6	5	8	1	3	9	4	7	2
2	4	1	7	5	8	3	9	
7	3		2	4	6	5	8	1
9	2	3	4	8	1	7		5
4	1	5			7	8	2	
8	7	6		2	5		4	3

Puzzle 197

	6	7	4	2	5	8	9	
5		4	6	1	9	2	3	7
2		9		3	8	5	4	6
7		2	8	6	3	9	1	4
9		1	5	7	2	6	8	3
8	3	6	9	4	1	7	5	2
1	9	3	2		6	4	7	8
4	2	5	3			1	6	9
6	7	8	1	9	4	3		5

Puzzle 198

2	4	1	5	8	6		7	3
9	5	8					6	1
7		6	1		9	4	5	8
1	7	5	4	9	2	3	8	6
4	6	3	8	5	1	7	9	2
8		9	6	3	7	5	1	4
5	1	2	7	4	8	6	3	9
6	9	7	2	1	3	8		
3	8	4	9	6	5	1	2	

Puzzle 199

6	3	5	4				9	7
1		9	3	7	2	6	5	8
2	7	8	6	5	9	1	4	3
	6	2		3	5	8		1
5	1	3	8	4	7	9	6	2
8	9	7		1	6	4	3	5
3	2	1	5	9	4	7	8	6
7	5		1	6	8	3	2	9
9	8	6		2		5	1	4

Puzzle 200

7	3	4	9	8	6	2		5
1	6		4	5	2	7	3	9
		2	1	3	7	6	8	4
5	8	6	3	9	4	1	7	2
2	7	3	6	1	5	9	4	8
4	1	9	2	7	8		5	6
3	4	7	5		9	8	2	1
	9	1	8		3	4		7
8	2	5	7	4	1		9	6

Puzzle 201

5	6	9	2	4	1	8	3	
3	7	1		5	9	2	6	4
8	2		6	3	7	1	9	5
2	8	7	3	6	4	9	5	
6	1	3	7	9	5	4	2	8
9	4	5	1	2	8	3		6
4		2	5	1		7	8	3
1	5	8	9	7	3	6	4	2
		6	4	8	2	5	1	9

Puzzle 202

4	1	5		3		7	9	6
	9	7	1	5	6	2	3	4
6	3	2	4	7	9	5	8	1
	5	8		1	2	6	4	7
2	4	6	5	9	7	3	1	8
3	7	1	6	8	4	9	5	2
	8		7	2	5	4	6	9
7	6	9			3	1	2	5
5	2	4	9	6	1	8		3

Puzzle 203

8	6	9	7	4	2	3	1	5
5	2	3	9	6	1			8
7	1	4		3	5	6	2	
4	8	6	5	2	9	1	7	3
2	5		4	7	3	9		
3	9	7	1	8	6	4	5	
1	7	5	6	9	8	2		4
	4	2	3	5	7	8	9	1
9	3	8		1	4	5	6	7

Puzzle 204

		8	3	7	5	1	9	2
3	9	7	6	1		8		4
5	2	1	8	4	9		3	
7	6	4	9	5	1	3	2	8
1	5	9		8	3	7	4	6
8		2	7	6	4	9	1	5
9	8	3	4	2	6	5	7	1
2	7	5	1	3	8	4	6	9
4	1	6				2	8	3

Puzzle 205

9		8	2	5	7	4	3	
	2	7	1	8	4	5	6	9
4		1	3		9	2	7	8
	9	4	6	3	8	1	5	7
6	1	3	4	7	5		9	2
8		5	9	1	2	3	4	6
5	8	6	7	2	3	9	1	4
7	3	9	8		1	6	2	5
1	4	2	5		6	7	8	3

Puzzle 206

1	7	6	2	5		9	3	8
5	4	9	8	6		2	1	7
3	8	2		7	9	5	6	4
7	6	4	3	2	1	8	9	5
		8	9	4	5	6	7	1
9	1	5	6	8	7	4		3
8	5	1	7	9	6	3	4	
6	2	7	4	3	8	1		9
	9		5	1	2	7	8	6

Puzzle 207

		5	4		6	2	1	8
8	4	2	1	7		9	5	6
9	6	1			2	3	4	7
2	5	4	6	1	9	7	8	3
7	8	9	2	3	5	4	6	1
	3	6	7	4		5	2	9
4	2	7		6	1	8	9	5
6	9	8	5	2	7	1	3	4
5	1	3	9	8	4	6	7	2

Puzzle 208

9	7	4	8	3	6		1	5
	2		4		5	6	7	3
3	5	6	7	1		9	8	4
4	9	1	3	6	8	5	2	7
2	6	7	5	4	1	8	3	9
8	3		2	7	9	4		1
	4	9		8	3	1	5	
6	1		9	5	7	3	4	8
5		3	1	2	4		9	6

Puzzle 209

4	9	1	3	7		2		8
5	7	2	1	8	6	9	4	3
8	3	6	4	9		5		7
1			5	3	7		9	
2	4	7	6	1	9		3	5
3	5	9	2	4	8	6	7	
7	1	5	9	2	4	3	8	6
6	8	4	7	5	3	1	2	9
9	2	3		6	1	7	5	

Puzzle 210

9	1	5	2	7	6	8	3	4
8	2		3	5	4	7		1
3		7	9	1	8	5	2	6
	5	3		6	2	9		7
	8	1	4	9	7	6	5	3
6	7	9	1	3	5	4	8	2
5	9	4	7	2		3	6	8
7	3	2	6	8	9	1	4	
1		8	5	4	3	2		9

Puzzle 211

2	8	7	5		1	6	4	9
1		3	6	4		2	7	
9	4	6	7	2	8	1	5	3
5		4		9			2	1
6	7	9	2	1	5	3	8	4
8	2	1	4		3	5	9	6
3	9	5	1	8	2	4	6	
7	1	2	9	6	4	8	3	5
4	6		3	5	7	9		2

Puzzle 212

4	1	5	9	7	3	2	8	6
8	7	9	4		2		3	5
3	2	6	8	5	1	4	9	7
2	5	7	3	4	8	6	1	9
9	3		1		6	5	7	4
6		1	7		5	3	2	8
5	9	2	6	1	7		4	3
1	8	4	5		9		6	2
7	6	3	2					1

Puzzle 213

8	3	2	4	5	7	6	1	9
6	5	7	2	1		4	3	
	9	4	3	8	6	7	2	5
9	8	1		4	3	2	7	
	4	6	7	2	8	1	9	3
	2	3		6	1	5	8	4
4	7	5	8	3	2	9	6	1
3	1	9	6	7	4	8	5	2
	6	8	1	9	5	3	4	7

Puzzle 214

6	3	4	2	9		7	8	1
9	2	5	8	1	7	6	4	
1	8	7		6	4	2	9	5
7	5	3	6	8		4	1	9
4	1	8	7	5	9	3	2	
2	9	6	1	4	3	8		7
	4	1	9	3	6		7	2
3	7	9	5	2	8	1	6	4
5	6	2	4	7		9	3	8

Puzzle 215

2	1	9	7		3	5		
6		8	5	1	2	3	4	9
5	4	3	8	9	6	7		
	5	4	9	8		2	3	6
1	8	2	6	3	4	9	7	5
3	9	6	2	5	7	1	8	4
4	2	1	3	6	5	8	9	7
9	3	5	4	7			1	2
8	6	7	1			4	5	3

Puzzle 216

	7	9	6	4	1	5	2	8
5	6		8	9	2	4	7	3
8		4	7	5	3	9	1	6
1	5	3	9			2	6	7
7	4	6	1	2	5	3	8	9
2	9	8	3	7	6	1	4	5
9	1	7	2		8	6	5	
6	8		4	1		7	3	2
4	3	2	5	6	7	8	9	1

Puzzle 217

9	3		4	8	7		2	1
1	8	7	5	2	6	3	4	9
	2	5	3	1	9		8	6
6	7	8	1	9		2	3	4
5	4	3	8	6	2	1		7
	1	9	7	4	3	8	6	5
8	9		2	5	1	6	7	3
3	5	2	6	7	4	9	1	8
7	6	1		3	8		5	2

Puzzle 218

7		9	5	3		1	6	2
6	8	2	1	4	9	7	3	5
3	1	5	6	7	2			9
2	6		9	8	4	3		1
5	3	4	2	6		9	7	8
1	9	8	7	5		2	4	6
9	7	3	8	2	5	6	1	4
4	5	1	3	9	6	8	2	7
8	2	6	4	1	7	5		3

Puzzle 219

6	3	2	7	4			1	9
7	4		5	6		8	3	2
5	8	1	2	9	3	4	6	7
8	2	5	9	7	6	1	4	3
9	6	3			8	4	7	2
1	7	4		5	2	6	9	8
2	5	7	6		9	3	8	4
		8	4	2	7	9	5	6
		9	6	8	3	5	2	7

Puzzle 220

2	7	3	1	5	6	4	9	8
8	4	5	2		3	1	6	7
9	6	1	4	8	7	5	2	
6	9	4	8		1	3	5	2
1	8	7	5	3		6	4	9
5	3	2	6	4	9	8	7	1
3	1		7	6	5	2	8	4
7	5	8	3	2	4		1	6
		2	6	9	1		3	5

Puzzle 221

	3	2	8		7	5	1	
7	4	1	2	5	6		9	8
8		5	1	9		7		2
4	5	9	6	7	1	2	8	3
1	2	7	3	8	9	6	5	4
3	8	6	5	2	4	9	7	1
5	7	3	4	6	8	1	2	9
2	1	8	9	3	5		6	7
6	9	4	7	1	2	8	3	

Puzzle 222

8	6	3	1	5	4	7	9	2
7	9	1	8	6	2	3	4	5
4	2	5	9	3	7	6	1	8
	3	2			8	4	5	7
	5	8	4	7	1		2	6	3
6	4	7	5	2	3	1		9
5	7	4	2	1	9		3	6
2			3			5	7	4
3	8		7	4	5	9	2	1

Puzzle 223

4	5	1	3	2	9	7	8	6
6	3	2		8	7	1		
8	9		6	1	4	5		
9	1			6	8		2	7
7		6	1	9	3	8	4	5
3	4	8	7	5	2	9	6	
2	6	3	9	7	1	4	5	8
5	7	9			6	2	1	3
1	8	4	2	3	5	6	7	9

Puzzle 224

2	5	9		7	8	1	4	3
8	4	6	2	3	1	7	9	5
3				9	5	8	6	2
	8	5	3	6	2	4	7	1
7	3	4	8	1	9		2	6
1	6	2	7	5		9	3	
4	2	3	5			6		9
6	9	8	1	4	3	2	5	7
5	1	7	9	2	6		8	4

Puzzle 225

2	3	9	8			1	6	7
4	6	1	2		7	3	5	8
8		7	6	1	3	2	9	4
6	9	4	3	8	1	7	2	
5	1	2	7	6			4	3
3	7	8	5	4	2	6		9
7	2	6	4	3	5	9	8	1
9	4	3	1		8	5	7	6
1	8	5	9	7		4	3	2

Puzzle 226

7			9	5	6	1	8	
5	3		4	1	2	6	9	
9	1	6	7		8	2	4	5
6	8	2	3	7	9	5	1	
	9	5	2	8	1	7	3	
3	7	1	5	6	4	8	2	
8	5	7	1		3	4	6	2
2	6	3	8	4	5	9	7	1
1	4	9	6	2	7	3		8

Puzzle 227

5	9		8	2	7	1	6	3
		3	9	1	5	2	8	4
8	2		3	6	4	9	5	7
3	4	5	6		2	8	7	1
9		2	7	5	1	3	4	6
6	1	7	4			5	9	
1	7	8		4	9	6	3	5
4	5	6	1	8	3	7	2	9
2	3	9	5	7	6	4		8

Puzzle 228

9	5	8	1	3	6	7	4	2
	3	6	7	2	4	9	5	8
7	2	4	8	5	9		3	6
3	4	5		9	7	2	8	1
6	7		5	1	8	4	9	3
8		1	2	4		5	6	7
2	8	9	3	7		6	1	4
	1	3			2	8	7	
4	6	7	9		1	3		5

Puzzle 229

9	3	1	2	4	8	5	7	6
	4	5	3	6		9	8	1
6	7	8	1	9	5	2	4	3
4	9	3	6			7	1	8
	1	2	9	7	4	6	3	5
5	6		8	3	1	4	2	9
	8		4		9	1	5	
1	5			8	6	3	9	2
7	2	9	5	1	3		6	4

Puzzle 230

6	5	7	4	1	3	8	9	2
8	9	4	7	2	6	1	5	3
3	1	2	5	8	9		4	7
2	8		9	7	4	5		1
	3	1	8	5				6
7	4	5	3	6	1	2	8	9
4	6		1	9	5	7	2	8
1	7		2	4	8		6	5
5	2	8	6	3		9	1	4

Puzzle 231

7	9	1	6	5	3	2	8	4
2	3	4	1		9	6	7	5
	6	5	7	2	4	3		1
9		8	5	3	6	1	4	2
1	2	3	8	4	7	9	5	6
5	4	6	2		1	8	3	7
3	8		4	6	2	5	1	
4	5		9	1	8	7	6	3
6	1	9		7	5	4		8

Puzzle 232

5		7	8	2	9	4	6	1
	9		5	1	4	3	7	8
1	4	8	6	3	7	2	5	9
8		5	4	7	3	9	1	2
7	1			8	2	6		5
9	2			6	5	8	4	
6	7	2	3	5	8		1	9
3	5	9	2		1	7	8	6
4	8	1	7	9	6	5		3

Puzzle 233

5	2	4	1	6	8	7	3	9
6	9	3	4	2	7		5	8
	1	8	5	9	3	2	4	6
	8	2	9		5	3	6	7
4		5	2	7	6		9	1
9	6	7		3	1	5	2	4
3	4	1		5		6	8	2
2	7	6	3	8	4	9	1	
8	5	9	6	1	2	4	7	3

Puzzle 234

9		8	1		4	5	2	
4	1	3	9	2		6	7	8
2	7	5	6	3	8	9	4	1
1	5	7		9	2	8	6	
8	9	6	7	4	1	2	3	5
3		2	5	8	6	1	9	7
5	8	4	2	6	7	3	1	9
6	3		4	5	9	7	8	2
		2	9	8	1	3	4	5	6

Puzzle 235

7		4	1	8	2	5	3	6
3	5	1	6	9	4	7	2	
2	8		7	5	3	4	9	1
1	6	3	8	7	9	2		5
8	7	9	4	2	5	6	1	3
		2	3	1	6	9	8	
4	1	7	2	6		3	5	9
	2	8	5	3	7	1	6	4
6	3	5	9	4		8	7	2

Puzzle 236

	2	9	8	5	6			7
5	6	4	7	1	3	2	8	
8	3	7		9	4	1	5	6
	9	8		7	1		2	3
6	7	1	9	3	2		4	8
3	5	2	4	6	8	7	9	1
9	4	3	6	2	7	8	1	5
7	8	5		4	9	3	6	2
2	1	6	3	8	5		9	7

Puzzle 237

7	5	6			1	3	2	4
8		1	2	3	4	6		7
	2	3	5		7	9	1	8
6		4	3	8	2	5	7	9
5	7			4		8	3	1
9	3	8	7		5	2	4	
2	4	7	6	5	9	1	8	3
3	6	5		7	8	4	9	2
1	8	9	4	2	3	7	6	5

Puzzle 238

		3	4	8	9	1		5
	9	5	2	1	3		8	4
4	1	8	7	5	6	2	3	9
6	4	2	3	7	1	5	9	8
3	7		5	6	8	4	1	2
8	5	1	9	2	4	7		3
1		4	6	9	2	8	5	7
5	2	6	8		7	9		1
9	8	7	1	4		3	2	6

Puzzle 239

2		4	5	1	8		6	7
5	7	8	4	6	9	3		1
9	1		2	7	3	8	5	4
4	2	5	6	8		7	3	9
1		7	3	9	2	5	4	6
3	6	9		4	5	2	1	8
	5	1	9		7	4	8	
7	4	2	8		6	1	9	3
8	9	3	1	2	4	6	7	5

Puzzle 240

5	8			2	3		9	4
3	9	6	8	4		2	5	7
1	4	2		5	9		3	8
2	6	4	3	1	8	9	7	5
7	3	9	2	6	5	4	8	1
8		5	9	7	4	3	6	
6	7		1	9		5	4	3
9	5	1	4	3		8	2	6
4	2	3	5	8	6	7		9

Puzzle 241

	8	7	9	4	1	2	6	5
2	9	1	8	5	6	7	3	4
	4	6	7	2	3	1	9	8
7	2	5	1	8	9	6	4	3
6	3	9	5	7	4	8	2	1
8		4	3	6	2	5	7	9
4	5		2	9	7	3	1	6
	6		4		8		5	7
9	7	3	6	1	5			2

Puzzle 242

4	8	6		1	7	3	2	9
7	2	5		6	9		8	4
3		1	4	2		7	6	5
2	4	9	6	5	3	8		7
1	6	7	9	8	2	5		3
8	5	3	7	4	1	2	9	
6	3	2		9	5	4	7	
9	7	8	1	3	4	6	5	2
5	1	4	2	7	6		3	8

Puzzle 243

8	5		3	9			2	6
6	2	1	4	7		3	9	5
7		9	6	2	5	4	1	8
1	6	2	5	8		9	7	4
3	4	7	2	6	9		5	1
5	9	8	1	4	7	2	6	
2	7	6	8	5	4	1	3	9
4	1	5	9	3	2		8	7
9	8		7	1	6			2

Puzzle 244

2	5	1	9	6	4		7	3
9	3	4	8	1	7	2		6
6	7	8	3	5	2	4	1	9
7	8	3	4	9	5	6		1
1	6	5	7	2	3	9	8	
4	9	2	6	8		7	3	5
8	2	9	1	3		5	4	7
5	1	7		4	9			8
3	4	6	5	7	8	1	9	2

Puzzle 245

5	8	3	7	4	2	1		6
2	7	4	9		1	3	8	5
6		1	3	8	5	2	7	4
8		5		7	4	9	1	
4	2	9	1	3	8	5	6	7
1	6	7		2	9	4	3	8
9	5	2	8	1	6	7		3
7	1	6	4	5			2	
3	4	8	2		7	6	5	1

Puzzle 246

8	6	2	4	3	5	9	7	1
5		7		1			8	3
1	3	9	8	6	7		4	5
4	7	6	9	2		3	5	8
9		3	7	5	8	4	2	6
2		5		4		1	9	7
7	9			8	6	5	3	
6	5	8	3	9	2	7	1	4
3	2	1	5	7	4	8		9

Puzzle 247

8	7	4	9	5		2	1	6
3	5	2	7	6	1	4		8
6		1	2	4	8	3	7	5
2	4	8	6	9	7	1	5	3
9	1	7	3	8	5	6	4	2
5	3	6	4	1			8	
	2	3	5		9	8		4
4	8	9	1	3	6	5	2	7
7	6		8		4	9	3	1

Puzzle 248

5		3	9	4	8	1	7	6
1	4	6		3	7	5	8	
		7	6	1	5	2	3	4
6	8	9	5	2	3	7	4	1
7	3	5	1	9	4	6	2	8
2	1	4	8	7		3	9	5
3		2	4	8		9	5	7
9		8	7	6	2	4	1	3
4	7	1	3	5	9	8	6	2

Puzzle 249

	6	3	8	7	1	9	5	2
5	1	7		9	2	3	6	8
	8	2		5	3	4	7	1
1	5	8	9	6	7	2	4	3
6	2	4	3	1	8	7	9	
3	7	9		2	4	1		6
	3	5	1	8	9	6	2	
8	9	1		4	6	5		7
	4	6	7	3	5	8	1	9

Puzzle 250

3	7	9	8	1	4	6	2	5
8	6	2	9	3	5	1	7	4
	1	4	6	7	2	9		3
6	9	5	2	4	7	8	3	1
7	4	1	5	8	3		6	9
2	8		1	9	6	4	5	7
1	3	7	4		8	5	9	6
9	5		7		1	3		2
4	2	6	3	5			1	8

Puzzle 251

	7	1	6	4	5	8	2	3
6	2	4		1	3	5	9	7
3	8	5	9	2	7	6	1	4
4	3	8	7	6	9		5	2
7	9	6	1		2	4	3	
5	1	2	3			9	7	6
2	4	9	5	7	6	3	8	1
	6	3	2		1	7	4	5
1	5	7	4	3	8	2	6	9

Puzzle 252

3	1		7	4	2		9	6
8	2	6	5	3	9	7	4	
7	9	4	8	6	1	3	5	2
4	6	1	2	8	3	5	7	9
2	8	9	6		7		1	3
5	7	3	1	9	4		6	
9	4	7	3	1		6	2	5
	5	8	4	2	6	9		7
6	3	2	9		5	1	8	4

Puzzle 253

1		4	2	9	3	6	8	5
8	9	5	4	7	6		2	3
3	2	6	5		8	7	9	4
5	6	3	8	4	9	2	7	
9	1	2	3	6	7	5	4	8
7	4	8	1	2	5	3	6	
	8		6	5	1		3	2
6	3	1	9	8	2	4	5	7
2		9		3		8		6

Puzzle 254

1	5	8	6	3	4	7	9	2
3	7	6	5	9	2	1	4	8
9	2		8	7	1	5	3	6
6	3	5	2	1	8		9	7
2		1	4	6	7	8	5	3
8	4	7	3		9	2	6	1
5	6	9	1	8	3		2	
4	8	3		2	5	6		9
7	1			4	6	3	8	5

Puzzle 255

8	6	4		1		2		
2	9	7	3	8	4	6	1	5
3	1	5	7	6	2	8	4	9
	3		4	7	8	5	6	2
5	2	8	6	3	1	7	9	
7		6		5	9	3	8	1
1	8	3	5	4	7	9		6
6	5	2	1			4	7	8
4	7	9	8	2	6	1		3

Puzzle 256

8		2	9	6	4	3	1	5
5	4	9		8	1		6	7
6		3	7	2	5	4		8
2	3	1	6	5	7	8	4	9
7			1	4	3	6	5	2
4	6	5	2	9		1	7	3
1		7	4	3		5	8	6
9	8	6	5		2	7		4
3	5	4	8	7	6	9	2	1

Puzzle 257

	9	7	8	3	1	4	5	6
8	6		2	4	5	1	7	9
1	4	5	6		9	2	3	8
9	7	1	5	6	3		4	2
6	8	2	4	1		3	9	
5	3		9	8	2	6	1	7
3		8		5	4	9	6	1
4	5	6	1	9	8	7	2	3
7	1			2		5	8	

Puzzle 258

1	4	7	3		2	5	9	8
3	5	2	7	8	9	1	4	6
	9	8	5	4	1		2	7
	8	1	6	9		4	3	
4	3	6	1	5	7	2	8	9
9	2	5	4	3		6	7	1
2			6	3		7	5	4
8	6	4	2	7		9	1	
5	7	3	9	1	4	8	6	2

Puzzle 259

7	8	4		9	3	1	5	
	3	1	5	7	6	8	9	4
9	6	5	1	8	4	7	2	3
8	4	2	7	5	1	3	6	9
5		7		6	8	4	1	2
3	1	6	9	4		5	8	7
4	5	9	6	1	7	2	3	8
6	2			3	5	9	7	1
1	7	3	8	2	9		4	5

Puzzle 260

6	4	3	2	9	8	5		7
8	7	1	6	4	5	3	2	9
2	9		1	7	3			4
9	2	7	5	3	6	4	8	1
4	3	8	9	1	2	6		5
1		6	7	8	4	2	9	3
7		4	3	2	9			
3		2	8	5	7	9	4	
5	8		4	6	1	7	3	2

Puzzle 261

9	1	5	8	7	4	2		6
4	7	2		6	3	5	8	1
3	8	6	5			7	9	
8	3	9		2	5	1	6	7
5	6	4	7	8	1	3	2	9
7	2	1	3	9	6	8	4	5
6	4	8	1	3	7	9	5	2
2	9	7		5	8	4	1	3
1	5	3	2		9			8

Puzzle 262

9	1	8	6		3	5	2	4
3	4	5	2	1		6	8	7
6	2	7	8	4	5	1	3	9
2	6			8	7	3	9	5
5	9	1	3	2		4	7	8
	7	3	5	9		2	6	1
4	8	6	9	5	2	7		3
1	5	2	7	3				
7	3	9	4	6	1	8	5	2

Puzzle 263

7	9	3		8	4	5	6	1
5	4		7	6	9	3	2	8
	6	2	1	5	3	7	9	
2	7		3		8	9		6
6	5	8			7	2	1	3
3	1	9	6	2	5	8	4	
9	8	7	5	4	6	1	3	2
	2	5		3	1	6	7	9
1	3	6	9	7	2	4	8	5

Puzzle 264

6	5	7	8	1	2	3	4	9
8	2	3	6	9	4	5	7	1
4	9	1	5	3	7	8	6	2
5	8	9		7	3	6		4
3	1	4	9	2	6	7	5	8
		6	2	4		9	1	3
2	7		3	4	9	1		6
9	4	8	7	6	1	2	3	5
1	3			2	8	5	4	9

Puzzle 265

	7	3	1	9	8	5	6	2
2	5	9	3	7	6	8	4	1
6	8	1	2	4	5		9	
3	1	7	9		2	4	8	6
	6	4	7	8		2	1	5
8	2		4	6	1	9	7	3
7	3	2	8	1	9	6		4
5	4	8	6	2	7			9
1	9	6	5	3	4	7	2	8

Puzzle 266

5		9	4	7	8	1	6	2
1	4	2	6	5	9	3	8	7
7	8	6	1	2	3	4		5
9	1		8	3	5		7	
3	5	8	2	6	7	9	1	
	2	7	9	4	1	5	3	8
8	6	1	5	9	4	7		
4	9	3	7	8			6	5
2	7	5	3		6	8	4	9

Puzzle 267

4	7	1		3	2	9	6	5
3		5	1	9	6	8	7	
9	8	6	7	4		1	3	2
	1	2	5	7	3	4	9	6
7	9	4	6	8	1	5	2	3
5	6	3	9	2	4		8	1
1	3	9			7	2	5	8
6	4	8		5		3	1	7
2			3	1	8	6	4	9

Puzzle 268

2	9	7	1	5	4		6	
4	1	5		3	8	7	9	2
6	8	3	9	2	7	5		4
		1	7	9	2	4	8	5
	4	2	5	8	6	3	7	1
7	5	8	3	4		9	2	6
1	7	4	8		3	2		
5	3		2	7	9	1	4	8
8	2	9		1	5	6	3	7

Puzzle 269

5	4	9	7	8	6			1
2	8		4	3	9	6	7	5
7	6	3		5		8		4
4			9	6	5	7	2	
9	3	2	1	4	7	5	6	8
6	7	5	3	2	8	1	4	9
1	5		6	9	4		8	2
8	2	4	5	7	3	9	1	6
3		6	8		2	4	5	7

Puzzle 270

8	4	9	6			7	3	1
		7	8	9	1		5	2
5	1	2	7	4	3	6	8	
6	2	1	5	8		9	7	3
9	8	5	3	6	7	1	2	4
7	3	4	9	1			6	5
2	7	8	4	3	9	5	1	6
4	5	3		7	6	2		8
1	9		2	5	8	3	4	7

Puzzle 271

4	6	5	9	1	7			
2	3	9	4	5	8	1	7	6
1	8	7		2	6	9	4	5
		8	2	6	1		5	3
5	4	1	8	7	3	6	2	9
3		6	5	9	4	7	8	1
8	5	2	6	4	9	3		7
6	1	3		8	5	2	9	4
9	7	4		3	2	5	6	

Puzzle 272

5	6	7	3	4		1	8	
8		3	1	2	6	7	5	9
9	1	2	8	7	5		4	3
4	9	8	2	3	7	5	1	6
6		5	4	9	1	3	7	8
3	7	1	5	6	8	2	9	4
2	8	9		1	3	4	6	5
		6	9	5	4	8	2	7
	5	4	6			9	3	1

Puzzle 273

8	9		5	2				4
5		2	9	6		1	8	3
3	6	7	8	1			5	9
6	3	5		8			4	7
7	1	8	6	4	9		3	2
4	2	9	7	3	5	8	1	6
9	5	3		7	8	6	2	1
2	7	4	1	5	6	3	9	8
1	8	6	3	9	2	4	7	5

Puzzle 274

7		8		6	1	2	9	3
3	4	2		9	5	1	6	8
	1	9	2	3	8	5	7	4
	2	1	3	5	9	7	4	6
5	9		6	7	4	8		
4	7	6	1	8	2	9	3	5
2	6	5	9	1	3	4	8	7
9	8		5	4	6		2	1
1		4	8			6	5	9

Puzzle 275

3	9	2	8	6	7	1	5	4
4	1	7	3	9	5	6	8	2
8	5	6		4	2		9	3
7	3		9	1	8	2	6	5
	2		7	3		9	4	8
9	6	8		2		3	1	7
6	4		2	8	1		7	9
1	7	9	4	5	3	8	2	6
2		5	6	7		4	3	1

Puzzle 276

	3	4	7	8	6		1	2
	1	7	2	4	3	6	9	8
2	8	6	1	9		3	7	4
6	4		9	7	8		5	3
3	7	2	4	5		9	8	6
8		5	6	3	2	1	4	7
	2	9	5	6	4	8	3	1
4		3	8	1	9	7	2	5
1	5		3	2	7	4	6	9

Puzzle 277

1	8	9	4	2	5	6	7	3
6	7	2	8		3	5		
3	4	5	9	6	7	1		2
9	3	6	2	5	4	7		8
	1	4	3	7	9	2	6	5
5	2		1	8	6	4		9
	6	3		9	1	8	2	7
7	9		6	4		3	5	1
2	5	1	7	3	8	9	4	6

Puzzle 278

8	4	1	6			3	2	
2	6	9	7	8	3	1	4	5
3		5	2		4	6	8	9
9	1	3		6	8	7	5	
5	2	6	3	7		4	1	8
7	8		5	2	1	9	6	3
6	3	8	9	4	2		7	
1	9	7	8	5	6	2	3	
4	5	2	1	3	7	8	9	6

Puzzle 279

5	6	8	4	3	9	2	1	7
2	9	1	8	5	7	6	3	4
3	4	7		2	1	5	9	8
6	8	5	7	9	2	1		3
4	1	3	5	8		7	2	
7		9		1	4			6
9	3	2	1		8	4	7	
8	5	4	2	7	3	9	6	1
	7	6	9	4	5	3	8	2

Puzzle 280

5	9	3			8	4	6	7
7			4	9	6	3	5	2
2	4	6	5	7	3	1	8	9
3	6	1	7	5	2	8	9	4
	7	5	6	4	9	2	1	3
4	2	9	3	8	1	6		5
1	5	7	8	2	4	9	3	6
6	8	4	9	3	7		2	1
9		2	1	6	5		4	8

Puzzle 281

1	2	8		3	6	5	4	9
9		3	2	8	5	1	6	7
	5	6		9	1	3	2	8
	6	9	5	1		7	3	4
5	3	4	9	7	2	6	8	1
8	7	1	6	4		9	5	
4	1		3	5		8	7	6
6	9	5	8	2	7	4	1	3
3	8	7	1	6	4	2	9	5

Puzzle 282

8		9	1	7	5	3		2
6	7	1	9	2	3			8
2	5	3	4	6	8		1	7
7	3	4	6	5	1	8	2	9
9	6	5	8	3		1	7	4
1	2	8	7	4	9	5	3	6
4	8	2	3	1	6	7	9	5
5	1	7	2		4	6	8	3
3	9		5		7	2	4	1

Puzzle 283

1	2	3	7		8	6	9	4
7	9		2	6	1	8		5
5	8	6	9	3	4		1	7
	1	5	4	8	2	3	7	6
6		7	5		3	1	8	2
8	3	2		1	7	4	5	9
3	6	9	8	4	5	7	2	1
	7	8	1	2	9	5		3
2	5	1	3	7	6	9	4	8

Puzzle 284

			7	2	6	8	9	1
6			8	1	9	5		4
1	8	9	5	4	3	6	7	2
7	1	4	3	5	2	9	6	
8	6	2	4	9	7	1	5	3
	5	3		6	8	2	4	7
2	9	1		7	4	3	8	5
3	7	6	2	8	5	4	1	9
5	4	8		3	1	7	2	

Puzzle 285

4	1	8	2	7	6	3	9	5
5	7	6	8	3	9			
2	3	9	5	1	4	8	6	7
8	4	2	6	5	7	1	3	9
7	9	3		8	2		5	
1	6	5	9	4	3	7	8	2
9	5	7		6	1	2	4	
6	8	1	4		5	9	7	3
3		4	7	9	8	5	1	6

Puzzle 286

6	7	3	1	5	4	8	9	2
9	2	5	7	8	6	4	1	3
	8	1		3		7	5	6
1	3	8	5	7	9	2	6	4
7		4	6	2	1	3	8	9
2	9	6	3	4	8	1		5
3	6	7		1	5	9	2	8
5	4	2	8		7	6	3	1
8	1	9		6	3	5	4	

Puzzle 287

6	4	9		1	8	5	3	2
8	5	7	2		3	1	4	6
3	1		4	5	6	7	9	8
2	6	4		3	1	8		7
7	3		6		5	9	2	1
5	9	1	8	7	2	3	6	4
9	8		5		7	4		3
4	7	3	1	6	9	2	8	5
1	2	5	3	8	4	6	7	9

Puzzle 288

6	3	2	8	1	4	7	9	5
5	1	4	9		2		3	6
8	7	9	6	3	5	2	1	4
7	9	3		2	6	5	8	
2	5	6	3	8	1	4	7	9
1	4				7	6	2	3
9	6	7	1	4	3	8	5	2
	2	1	7	5	8	9	3	
		8	5	2	6	9	1	4	7

Puzzle 289

2	3	6		4	5	1		8
5		1	6	8	9	3	7	2
7		8	3			6		4
1	2	4	5	9	6	8	3	7
3	6	5	4	7	8		1	9
	8	7			3	5	4	6
8	5		9	6		4	2	1
6	7	2	1	3	4	9	8	5
4	1	9	8	5	2	7	6	3

Puzzle 290

9	5	8		3	1	7	4	6
2	7	1	5	6	4	9	8	3
6	3	4	8	7	9	2	1	5
3	1	6	7		5		9	8
5	9			4	8		6	7
8	4	7		9		5	2	1
7	6	3	9	1		8	5	4
1	2	5	4	8	7	6	3	9
4	8	9	3	5		1	7	2

Puzzle 291

6	2	5		7	8		3	1
9	4	3	2	5	1		6	
1		7	3	6	9	4	2	5
2	9	1	6	8	3	5		7
7	3	6	5	9	4	1		2
4	5	8	7		2		9	6
8	7	9	1		6	2	5	4
5	6	4	9	2	7	8	1	3
3	1	2	8	4	5	6	7	9

Puzzle 292

4	6	9		7	5	1		2
3	2	1	4	8	6	5	9	7
5		7	2	1	9			6
6	9	2	5	3	8		1	4
7	5	8	1	2	4		6	9
1	3	4		9	7	8	2	5
8	4	5	9	6	3	2	7	1
9	1	3		5	2		4	8
2	7	6	8	4	1	9		3

Puzzle 293

2	7	4		6	3	8	9	5
1	8	6		2	5	7	4	3
3	9				4	2	1	
7	6	3	2	1	9			4
4	1	8		5	7	9	3	2
9		2	4	3	8	6	7	1
5	2	7		4	1	3	6	9
8	3		5	9	6	4	2	7
6	4	9	3	7	2	1	5	8

Puzzle 294

7	2	4	1	8	3	5	6	9
6	8	9	7	4	5	2	1	
3			6	9	2	4		8
4	9	5	8	6			2	7
1	6	3		2	7	8	9	4
2	7	8		3	4		5	1
	1	2	3	7	8	9	4	6
8		6	2	1	9	7	3	5
9		7	4	5	6	1	8	2

Puzzle 295

4	9	8		1	2	5	7	3
	5	1	4	8	7		6	2
6	2	7	5	3	9		4	8
5		2		6	8	3	1	7
8	3	9	1	7	5	4		6
	7	6		2	4	8	9	5
	1	3	8	4	6	7	5	9
9	6	4	7	5	3	2	8	1
7	8	5	2				3	4

Puzzle 296

	3	1	8	2	9	7	6	4
2	8	4	7	5	6	3	9	1
9	7			3	4	8	2	5
4	9	3	5	1	7		2	8
	1	2	9	6	3	5	4	7
6	5	7	4	8	2	9	1	
3	6	9		7	1	4	5	8
1	4		3	9	8	6	7	2
7	2		6	4	5	1	3	9

Puzzle 297

7	8	1		9	4	6	2	3
9	3	5			2	4		1
4	6	2				7	5	9
5	1			2	3	9	7	6
3	2	9		7		8	4	5
6	4	7	9	5	8	1	3	2
2	9	6		4	5	3	1	7
1	7		2	3	9	5	6	8
8	5	3	6	1	7	2	9	4

Puzzle 298

7		8	9	2	5		6	1
1	6			4	3	2	8	
9	3	2	1	6			4	7
5	8	6	2	9	7		1	
3		9	4	5	1	6	2	8
2	1	4	3	8	6	9	7	5
6	9	7	5	1	4	8	3	2
4	2		8	7	9	1	5	6
8	5	1	6	3	2	7	9	4

Puzzle 299

8	5	6	3	1	4	2	9	7
9	2	7	6	5	8	1	4	3
4	1	3	7	9	2	8		6
1		8		6	9	3	7	5
6	9		5	7	3	4	8	1
3	7	5	4		1	6		9
5	8		1	2	6	7	3	4
	6	4	9		7	5	1	8
7	3	1	8	4	5		6	2

Puzzle 300

6	5	7	8		1	4	2	3
1	4	2	7				9	8
8		9	6	2	4	7	1	5
3	7	5	9	1		2	8	4
2	6	1	5	4		3	7	9
9	8	4	3	7	2	1	5	6
4	1		2	6	5	9	3	
7	2	3	4	8		5	6	1
		9	6	1		7	8		2

Puzzle 301

2	5	1	3	7	8	9	4	
9	3	4	6	1	5	7	2	8
8	6	7	4	2	9		1	
5	2	3	8		1	6	9	
	8	9	7	3		2	5	
1	7	6	9	5	2		8	4
6	9		1	8		4	7	2
3	4	8	2	9	7		6	5
7	1	2	5	6	4	8	3	9

Puzzle 302

9	3		4	8	5	7	6	1
8	1	6	2	3	7	4	9	5
5	4	7	1	6	9	8	2	3
4	2	5		9	1		8	6
6	9	1	8	2	3		4	
7			6	5	4	2	1	9
2	5	8	3	1	6		7	4
1	7		5	4	8	6	3	2
3	6	4	9	7		1	5	8

Puzzle 303

6	2	4	1		9	7	3	8
7	3	1	6	4		9	5	
	9	5			3	1	4	
5	4		2	6	1	8	7	3
	8	3	5	9	7	6	1	4
	7	6	8	3	4	5	2	9
9	1	7	4	8	2	3	6	5
3	6	2	9	7		4	8	1
4	5		3	1	6	2	9	7

Puzzle 304

8	7	1		5	9	4	3	
9	3		2	7		6	5	8
		5	6	4	3	8	9	7
7	6	8	9	2	5	1	4	3
4	1	2	3	8	6		9	
3	9		7	1	4		2	6
5	2	9	1	6	7	3	8	
6	4	3	8	9	2	5	7	1
1	8	7	5	4	3	2		9

Puzzle 305

7	4	5	2	6	1	3	8	
6	9	2	5	3	8	4	1	7
8	1	3	9	7	4	2	6	
3	7		8	1	5		4	2
5	8		4	2	6	9	7	3
2	6	4		9		8	5	1
4	3	7	1	8	9			
9	5	6	7	4	2	1	3	8
	2	8	6	5	3	7	9	4

Puzzle 306

9		3	6	4	1	5	8	7
8	5	1			7	6	2	4
4	7	6	2	8	5		3	9
3	8		7	6	9	4	1	5
1	9	5	3	2	4	8		6
6		7	5		8	2	9	
7	6	4	8	9	2	3	5	1
2	3	9	1	5	6	7	4	8
5	1	8	4	7	3	9	6	2

Puzzle 307

3	9		8		4	7	1	6
8	4	7	6	9		2	3	5
1	6	5			2	4	8	9
	3		1	8	7	5	4	2
7	1	4	2	3	5	9	6	8
2	5	8	4	6	9		7	1
5	7		9	4	8	6	2	3
6	8		7	2	3		5	4
4	2	3	5	1	6	8		7

Puzzle 308

2	8	5	4	9	7	1	6	3
1	4	7	5	3	6	8		2
9	6	3	8				5	7
5	3	2	1		7	6	4	9
4	1	6		2	5	7	3	8
		9	8	6	4	3		1	5
6	2	9	3	8	4	5	7	1
3	7	4	2	5	1			6
8	5	1	7	6	9	3	2	4

Puzzle 309

	5	2	7	6	4		1	9
9	1	6		8	2	7	4	3
4	7		1	3	9	5	2	6
1			8	7	6	9	3	2
	6	7	4	9	3	1	8	5
8	9	3	2			4	6	7
6	8		9	2	7	3	5	
5	3		6	4		2	7	1
7	2	4	3	1	5	6	9	8

Puzzle 310

6		7		4		8	5	3
8	3		7	5	6	2	4	9
	5	9		3	8	1	6	7
7	1	3	6	9	4	5	8	2
2	6	4	3	8	5	7		1
9	8	5	1	7	2	4	3	
1	9	8	4	2	3	6	7	5
5		2	8	6	9	3	1	4
3	4	6	5	1	7	9	2	

Puzzle 311

4	2		7	1		6		3
6	3			4	2	9	7	1
7		1	6	3	5	2	4	8
5	6	3	1	8		7	9	
1	4			6	7	3	8	5
2	8		9	5	3	1	6	4
	7	4	5	2	1	8	3	6
8	5	2	3	7	6	4	1	9
3	1	6	4	9	8	5	2	

Puzzle 312

8	6	3		1	9	7	2	4
2	5		8	3	7	9		6
		1	7	6	2	4	5	8
1	9	8	2	6	3	4	5	7
3	2		4	7	8	6	9	
4	7	6	1	9	5	2	3	8
7	3	2	9	8	6	1	4	5
6	4	9	3	5	1		8	7
5			7	4	2		6	9

Puzzle 313

3	4	7	1		2	9	6	8
	1	2	4	9	8	5	7	3
5	9	8		3	7	2	4	1
1	7	6		8	9	4	5	2
9	5	3	2	4	6	1	8	
2	8	4			1	3	9	6
7		1		6	4	8	2	5
8	2	9	7	1	5	6	3	
4	6	5	8	2			1	9

Puzzle 314

1	3	2	4	7	9	5	8	6
5	7	4	6	3		2	9	
6	8	9	1	5	2	4	7	3
7	9		5	8	6	1	2	
2	1		3	4			5	9
8	4	5	9	2	1		6	7
4	6		7	1	5	9		2
3		7	8	9	4	6	1	5
9	5		2	6	3	7	4	8

Puzzle 315

8	2	9	4		7	6	5	
4	6	1	5	8	9	2	7	3
7		5	6		2	8	4	9
6	7	4	3		8	1	2	5
	5	3	7	6	1	9		
9	1	8	2	4	5	7		6
1	9		8	3	4		6	2
3	8	2	9		6	4		7
5	4	6	1	2	7	3	9	8

Puzzle 316

1	8	2	9	4	3		7	6
3	6	4	2	7	5	8	9	1
7	9	5	6	8	1	3	4	2
4	1	7	8		2	9	3	
9	5	6	7		4		1	8
8	2	3	5	1	9	4	6	
2	4	1	3	5	6	7	8	
6	7	9		2	8	1	5	3
5	3	8	1		7	6	2	4

Puzzle 317

5	7		8	1	2	6	4	9
4	9		6	7	3	5	2	8
		2	9	4	5	1	3	7
7	3	4	2		6			5
8	6	9			4	2	7	3
1	2	5	3	8		4	9	6
9	5	8	7	2	1	3	6	4
	1	7	4	6	8	9	5	2
2		6	5	3	9	7	8	1

Puzzle 318

3	9	1	5	8	7	6	2	4
6		8		4	2	3	7	1
7	2	4	1	6	3	8	9	5
4	3		6		9			7
9	1		2	5	8	4	3	6
8	6	2	3	7	4		1	9
5	4	3	7		1	9	6	8
2	7	6		9	5	1	4	3
1	8	9	4	3	6	7	5	2

Puzzle 319

4	9	6	2		3	5	7	8
5	2	8	6	7			9	1
1	7	3	9		8	6		2
8	4	9	3	2		7	5	6
3	5	2	7	6	9		1	4
7	6	1	4	8			3	9
6	3	5	1		2	9	8	7
2	8	4	5	9		1	6	3
9		7	8	3	6	4	2	5

Puzzle 320

	7	6	1	4	5	9	3	2
2	5		6	3	9	7	8	4
		3		2	7	8	5	6	1
7	8	5		6	2		1	9
3	9	2	7	8	1	4		6
1	6	4	9	5	3	2	7	
6		3	5	9		8		7
9	2	8	3	1	7	6	4	5
5		7	8	2	6		9	3

Puzzle 1

9	1	5	2	6	3	7	4	8
8	2	4	7	1	9	3	5	6
7	3	6	4	8	5	9	1	2
6	4	3	1	7	8	2	9	5
5	9	1	6	3	2	8	7	4
2	7	8	5	9	4	1	6	3
1	6	2	3	4	7	5	8	9
4	5	9	8	2	1	6	3	7
3	8	7	9	5	6	4	2	1

Puzzle 2

8	3	2	6	1	7	5	4	9
5	1	4	3	9	2	7	6	8
7	9	6	8	4	5	1	3	2
6	2	7	5	3	9	4	8	1
4	5	9	7	8	1	3	2	6
1	8	3	2	6	4	9	7	5
9	4	8	1	7	6	2	5	3
2	6	1	4	5	3	8	9	7
3	7	5	9	2	8	6	1	4

Puzzle 3

5	8	4	1	2	7	3	9	6
2	7	9	3	4	6	5	1	8
3	1	6	8	5	9	7	4	2
4	6	2	5	1	8	9	7	3
9	5	1	2	7	3	8	6	4
7	3	8	6	9	4	1	2	5
1	2	7	4	8	5	6	3	9
6	9	5	7	3	2	4	8	1
8	4	3	9	6	1	2	5	7

Puzzle 4

7	8	5	6	9	2	1	3	4
4	9	6	8	1	3	2	5	7
3	1	2	5	7	4	8	6	9
5	6	9	2	4	7	3	1	8
2	3	1	9	5	8	7	4	6
8	7	4	1	3	6	9	2	5
9	5	8	4	2	1	6	7	3
1	4	7	3	6	9	5	8	2
6	2	3	7	8	5	4	9	1

Puzzle 5

3	8	1	6	7	5	4	2	9
2	6	5	3	9	4	8	7	1
4	9	7	2	8	1	6	3	5
5	1	8	4	3	2	9	6	7
7	4	2	8	6	9	1	5	3
6	3	9	5	1	7	2	4	8
9	7	3	1	2	6	5	8	4
1	5	6	7	4	8	3	9	2
8	2	4	9	5	3	7	1	6

Puzzle 6

5	7	4	8	6	9	3	1	2
3	6	1	2	5	7	9	8	4
2	9	8	4	1	3	5	7	6
8	2	3	9	4	5	1	6	7
6	5	7	3	2	1	4	9	8
4	1	9	6	7	8	2	3	5
1	4	6	7	9	2	8	5	3
9	8	2	5	3	6	7	4	1
7	3	5	1	8	4	6	2	9

Puzzle 7

7	1	5	4	6	3	9	8	2
3	8	6	5	9	2	7	1	4
2	9	4	8	1	7	3	6	5
9	2	1	3	5	6	4	7	8
6	3	8	1	7	4	5	2	9
4	5	7	2	8	9	1	3	6
8	7	9	6	4	1	2	5	3
5	4	2	7	3	8	6	9	1
1	6	3	9	2	5	8	4	7

Puzzle 8

9	4	1	8	2	3	5	6	7
2	8	7	6	1	5	3	4	9
5	3	6	7	9	4	8	1	2
6	1	4	9	5	2	7	8	3
8	9	5	1	3	7	6	2	4
3	7	2	4	6	8	9	5	1
4	2	9	5	7	6	1	3	8
7	5	8	3	4	1	2	9	6
1	6	3	2	8	9	4	7	5

Puzzle 9

2	8	7	5	6	1	4	3	9
1	3	4	7	9	8	6	2	5
9	5	6	4	3	2	1	8	7
7	6	9	8	5	4	3	1	2
4	2	5	1	7	3	9	6	8
8	1	3	9	2	6	7	5	4
5	4	2	3	1	9	8	7	6
3	7	8	6	4	5	2	9	1
6	9	1	2	8	7	5	4	3

Puzzle 10

2	3	8	6	1	5	7	9	4
4	7	1	8	9	2	6	5	3
9	6	5	7	3	4	8	2	1
3	2	6	4	7	8	5	1	9
1	5	4	3	6	9	2	8	7
8	9	7	2	5	1	4	3	6
7	1	2	5	4	3	9	6	8
5	4	3	9	8	6	1	7	2
6	8	9	1	2	7	3	4	5

Puzzle 11

2	9	7	6	5	4	1	3	8
6	3	5	8	1	9	7	4	2
4	8	1	2	7	3	9	6	5
9	2	6	7	4	8	3	5	1
5	4	8	9	3	1	6	2	7
1	7	3	5	6	2	8	9	4
3	1	2	4	9	7	5	8	6
8	5	9	1	2	6	4	7	3
7	6	4	3	8	5	2	1	9

Puzzle 12

6	8	5	4	9	1	7	3	2
9	4	3	7	2	5	8	1	6
7	1	2	8	3	6	9	5	4
8	3	4	1	6	7	2	9	5
1	2	9	3	5	8	6	4	7
5	6	7	2	4	9	3	8	1
2	7	1	9	8	4	5	6	3
3	9	6	5	1	2	4	7	8
4	5	8	6	7	3	1	2	9

Puzzle 13

5	8	4	6	9	7	1	3	2
6	3	9	5	2	1	8	7	4
1	2	7	4	3	8	6	9	5
8	7	2	3	1	5	4	6	9
3	1	6	7	4	9	2	5	8
9	4	5	8	6	2	7	1	3
4	6	8	1	5	3	9	2	7
2	5	1	9	7	4	3	8	6
7	9	3	2	8	6	5	4	1

Puzzle 14

4	3	8	5	2	9	6	7	1
6	9	1	4	8	7	3	2	5
2	5	7	1	3	6	4	9	8
1	4	9	2	7	3	5	8	6
5	8	2	9	6	1	7	4	3
3	7	6	8	5	4	2	1	9
9	1	3	6	4	2	8	5	7
7	2	5	3	9	8	1	6	4
8	6	4	7	1	5	9	3	2

Puzzle 15

1	8	5	7	2	3	4	9	6
7	4	2	6	5	9	3	1	8
6	3	9	4	8	1	5	7	2
5	6	8	3	9	7	1	2	4
9	7	3	1	4	2	6	8	5
2	1	4	8	6	5	7	3	9
4	5	1	9	3	8	2	6	7
8	2	7	5	1	6	9	4	3
3	9	6	2	7	4	8	5	1

Puzzle 16

2	3	4	1	5	6	8	9	7
1	6	9	8	3	7	4	5	2
8	7	5	2	9	4	1	6	3
6	8	3	5	2	9	7	4	1
5	4	1	3	7	8	9	2	6
9	2	7	6	4	1	5	3	8
7	9	2	4	1	3	6	8	5
3	1	8	9	6	5	2	7	4
4	5	6	7	8	2	3	1	9

Puzzle 17

1	5	3	4	6	9	2	8	7
4	7	8	5	3	2	9	6	1
2	6	9	8	7	1	5	4	3
7	8	4	9	1	3	6	5	2
5	3	6	2	4	7	1	9	8
9	1	2	6	8	5	3	7	4
3	9	7	1	5	8	4	2	6
6	2	1	7	9	4	8	3	5
8	4	5	3	2	6	7	1	9

Puzzle 18

1	8	3	2	6	9	4	7	5
4	6	5	1	8	7	3	2	9
2	7	9	4	3	5	6	8	1
8	9	4	7	5	1	2	3	6
6	1	7	8	2	3	5	9	4
5	3	2	6	9	4	7	1	8
9	4	8	5	7	2	1	6	3
7	5	6	3	1	8	9	4	2
3	2	1	9	4	6	8	5	7

Puzzle 19

5	2	6	3	7	4	8	1	9
8	4	3	2	1	9	6	5	7
1	9	7	6	5	8	3	4	2
7	1	9	8	4	3	2	6	5
6	3	2	7	9	5	4	8	1
4	8	5	1	2	6	9	7	3
9	6	8	5	3	1	7	2	4
3	7	1	4	6	2	5	9	8
2	5	4	9	8	7	1	3	6

Puzzle 20

6	4	7	2	1	3	8	5	9
1	8	9	7	5	4	3	2	6
3	2	5	9	6	8	4	1	7
5	7	6	3	9	1	2	4	8
2	3	1	8	4	7	6	9	5
8	9	4	5	2	6	7	3	1
7	5	8	4	3	9	1	6	2
9	1	3	6	7	2	5	8	4
4	6	2	1	8	5	9	7	3

Puzzle 21

7	1	3	4	6	9	2	5	8
4	9	5	1	8	2	6	7	3
2	6	8	5	7	3	9	1	4
5	3	9	2	1	7	4	8	6
6	7	2	9	4	8	5	3	1
8	4	1	6	3	5	7	2	9
9	8	7	3	2	6	1	4	5
3	5	4	7	9	1	8	6	2
1	2	6	8	5	4	3	9	7

Puzzle 22

9	7	6	4	5	1	3	2	8
4	3	2	8	7	9	6	5	1
1	8	5	3	2	6	4	7	9
5	4	3	2	8	7	1	9	6
7	6	1	5	9	4	8	3	2
2	9	8	1	6	3	5	4	7
6	2	4	7	3	8	9	1	5
8	1	7	9	4	5	2	6	3
3	5	9	6	1	2	7	8	4

Puzzle 23

1	7	8	9	3	6	5	4	2
4	2	6	8	1	5	3	9	7
3	9	5	4	7	2	6	8	1
6	3	1	7	8	4	2	5	9
8	4	7	2	5	9	1	3	6
9	5	2	1	6	3	8	7	4
2	1	3	5	4	7	9	6	8
7	6	9	3	2	8	4	1	5
5	8	4	6	9	1	7	2	3

Puzzle 24

5	1	4	9	8	3	2	6	7
7	9	6	1	4	2	5	8	3
3	8	2	7	5	6	9	1	4
4	3	9	5	1	8	7	2	6
6	7	5	4	2	9	8	3	1
1	2	8	6	3	7	4	5	9
2	4	1	3	9	5	6	7	8
8	6	3	2	7	4	1	9	5
9	5	7	8	6	1	3	4	2

Puzzle 25

8	7	4	3	2	6	5	9	1
3	1	5	7	8	9	4	6	2
9	2	6	4	5	1	8	7	3
2	5	9	1	6	3	7	8	4
6	3	8	2	4	7	1	5	9
7	4	1	8	9	5	3	2	6
1	6	2	5	3	8	9	4	7
4	8	3	9	7	2	6	1	5
5	9	7	6	1	4	2	3	8

Puzzle 26

3	8	9	4	6	7	5	1	2
4	2	7	8	5	1	3	6	9
5	6	1	3	2	9	8	7	4
2	9	4	7	1	3	6	5	8
1	5	3	9	8	6	2	4	7
6	7	8	2	4	5	9	3	1
9	3	5	1	7	8	4	2	6
8	1	2	6	3	4	7	9	5
7	4	6	5	9	2	1	8	3

Puzzle 27

7	4	5	8	6	1	2	9	3
1	3	2	4	7	9	5	6	8
8	9	6	2	5	3	4	1	7
4	5	7	6	9	2	8	3	1
9	2	1	7	3	8	6	4	5
6	8	3	1	4	5	7	2	9
3	1	4	5	8	6	9	7	2
5	6	9	3	2	7	1	8	4
2	7	8	9	1	4	3	5	6

Puzzle 28

4	7	3	1	8	5	6	9	2
1	5	9	2	7	6	8	3	4
8	2	6	9	3	4	7	1	5
2	4	5	6	1	3	9	7	8
7	6	8	5	2	9	1	4	3
9	3	1	8	4	7	5	2	6
3	9	7	4	6	8	2	5	1
6	1	4	7	5	2	3	8	9
5	8	2	3	9	1	4	6	7

Puzzle 29

9	3	5	7	1	6	4	2	8
7	6	2	3	4	8	1	9	5
8	4	1	2	9	5	7	6	3
1	8	9	4	3	2	6	5	7
3	2	4	5	6	7	8	1	9
6	5	7	9	8	1	2	3	4
2	9	6	8	5	4	3	7	1
4	1	3	6	7	9	5	8	2
5	7	8	1	2	3	9	4	6

Puzzle 30

4	2	8	7	9	5	3	6	1
5	3	7	6	8	1	9	2	4
1	6	9	4	3	2	8	7	5
2	5	3	1	6	7	4	8	9
6	8	4	3	5	9	2	1	7
9	7	1	8	2	4	6	5	3
3	4	5	2	7	6	1	9	8
7	1	6	9	4	8	5	3	2
8	9	2	5	1	3	7	4	6

Puzzle 31

4	6	7	9	5	8	1	3	2
3	2	9	6	4	1	7	8	5
8	1	5	3	2	7	4	6	9
7	5	8	1	9	4	3	2	6
2	4	3	8	6	5	9	1	7
6	9	1	2	7	3	8	5	4
9	3	6	7	8	2	5	4	1
5	8	2	4	1	9	6	7	3
1	7	4	5	3	6	2	9	8

Puzzle 32

3	6	5	4	9	1	2	8	7
2	9	1	6	7	8	5	3	4
8	4	7	3	2	5	9	1	6
5	3	2	8	4	6	1	7	9
4	7	9	1	3	2	6	5	8
6	1	8	7	5	9	3	4	2
7	8	6	2	1	3	4	9	5
9	2	3	5	8	4	7	6	1
1	5	4	9	6	7	8	2	3

Puzzle 33

9	7	6	8	4	2	1	5	3
8	3	2	5	7	1	9	4	6
5	4	1	6	3	9	8	7	2
2	5	8	4	6	7	3	1	9
4	9	3	2	1	8	7	6	5
6	1	7	9	5	3	2	8	4
1	2	5	3	8	6	4	9	7
3	8	4	7	9	5	6	2	1
7	6	9	1	2	4	5	3	8

Puzzle 34

1	7	4	5	8	6	2	3	9
3	8	9	4	1	2	5	6	7
6	2	5	3	9	7	8	4	1
4	1	3	6	7	8	9	5	2
5	9	8	1	2	4	3	7	6
2	6	7	9	5	3	1	8	4
8	3	6	2	4	1	7	9	5
9	4	2	7	3	5	6	1	8
7	5	1	8	6	9	4	2	3

Puzzle 35

2	3	4	1	5	6	8	7	9
9	6	1	4	7	8	3	2	5
7	5	8	3	2	9	1	6	4
6	9	7	2	3	1	5	4	8
5	1	2	6	8	4	9	3	7
4	8	3	7	9	5	2	1	6
8	4	6	5	1	3	7	9	2
1	7	9	8	6	2	4	5	3
3	2	5	9	4	7	6	8	1

Puzzle 36

8	2	4	6	9	5	7	3	1
3	6	9	2	7	1	5	4	8
5	7	1	3	4	8	2	6	9
9	5	3	7	6	2	8	1	4
7	4	2	1	8	3	9	5	6
6	1	8	4	5	9	3	2	7
4	8	7	5	2	6	1	9	3
1	9	5	8	3	4	6	7	2
2	3	6	9	1	7	4	8	5

Puzzle 37

1	6	7	5	9	4	8	2	3
3	8	2	7	6	1	5	4	9
5	9	4	3	2	8	6	7	1
6	5	3	2	7	9	4	1	8
2	1	8	6	4	5	3	9	7
4	7	9	8	1	3	2	5	6
9	4	6	1	3	2	7	8	5
7	2	5	9	8	6	1	3	4
8	3	1	4	5	7	9	6	2

Puzzle 38

2	4	9	1	8	7	3	5	6
3	8	1	5	2	6	7	4	9
7	5	6	3	9	4	1	2	8
4	3	2	8	6	5	9	7	1
8	6	5	9	7	1	2	3	4
9	1	7	2	4	3	6	8	5
5	7	3	6	1	8	4	9	2
6	9	4	7	5	2	8	1	3
1	2	8	4	3	9	5	6	7

Puzzle 39

9	4	6	3	5	8	7	1	2
7	5	1	6	2	4	8	9	3
8	3	2	9	7	1	6	4	5
3	8	9	1	6	7	5	2	4
6	7	5	2	4	9	1	3	8
2	1	4	5	8	3	9	7	6
4	2	7	8	1	6	3	5	9
5	9	8	7	3	2	4	6	1
1	6	3	4	9	5	2	8	7

Puzzle 40

1	9	7	5	3	4	6	8	2
4	5	8	1	2	6	9	7	3
3	6	2	8	9	7	1	5	4
6	3	4	9	1	5	7	2	8
2	8	9	4	7	3	5	1	6
5	7	1	2	6	8	3	4	9
8	1	5	3	4	9	2	6	7
7	4	3	6	5	2	8	9	1
9	2	6	7	8	1	4	3	5

Puzzle 41

5	1	8	9	3	2	6	7	4
3	4	2	6	8	7	5	1	9
9	6	7	1	4	5	2	3	8
8	2	9	3	7	4	1	6	5
4	7	6	8	5	1	3	9	2
1	3	5	2	9	6	8	4	7
7	9	3	5	1	8	4	2	6
6	8	4	7	2	3	9	5	1
2	5	1	4	6	9	7	8	3

Puzzle 42

3	7	1	8	6	4	9	5	2
5	2	6	3	7	9	8	1	4
9	4	8	5	2	1	3	6	7
7	5	3	4	9	6	1	2	8
2	8	4	1	5	3	6	7	9
6	1	9	2	8	7	4	3	5
8	9	2	6	3	5	7	4	1
1	3	7	9	4	2	5	8	6
4	6	5	7	1	8	2	9	3

Puzzle 43

5	3	8	9	7	1	6	2	4
9	6	2	8	5	4	1	7	3
4	1	7	6	3	2	9	8	5
1	2	3	4	6	7	5	9	8
6	9	4	2	8	5	7	3	1
8	7	5	3	1	9	2	4	6
7	4	1	5	2	8	3	6	9
2	8	6	1	9	3	4	5	7
3	5	9	7	4	6	8	1	2

Puzzle 44

7	4	1	3	6	9	8	5	2
8	9	5	1	2	4	6	7	3
3	2	6	7	8	5	9	1	4
5	6	2	8	3	7	1	4	9
1	8	9	4	5	2	7	3	6
4	3	7	6	9	1	5	2	8
6	7	8	5	4	3	2	9	1
9	1	3	2	7	6	4	8	5
2	5	4	9	1	8	3	6	7

Puzzle 45

2	5	4	3	9	6	1	7	8
7	9	6	1	5	8	4	3	2
1	8	3	4	7	2	5	6	9
4	2	7	8	1	9	3	5	6
8	1	5	7	6	3	9	2	4
6	3	9	2	4	5	7	8	1
3	4	2	9	8	7	6	1	5
5	7	1	6	2	4	8	9	3
9	6	8	5	3	1	2	4	7

Puzzle 46

2	9	5	1	4	6	7	8	3
4	6	8	9	3	7	2	1	5
7	3	1	5	2	8	9	4	6
9	2	3	4	5	1	6	7	8
1	4	7	6	8	9	3	5	2
5	8	6	3	7	2	4	9	1
3	5	9	8	6	4	1	2	7
8	7	4	2	1	3	5	6	9
6	1	2	7	9	5	8	3	4

Puzzle 47

5	8	9	2	6	7	1	4	3
4	3	7	9	5	1	6	2	8
1	2	6	3	8	4	9	5	7
9	5	3	1	4	2	8	7	6
2	7	8	6	3	9	5	1	4
6	1	4	5	7	8	3	9	2
3	6	2	7	1	5	4	8	9
8	9	1	4	2	3	7	6	5
7	4	5	8	9	6	2	3	1

Puzzle 48

2	5	9	4	6	8	3	7	1
3	8	1	2	9	7	4	5	6
7	4	6	5	1	3	2	9	8
1	3	4	9	8	5	6	2	7
6	9	8	1	7	2	5	3	4
5	7	2	6	3	4	8	1	9
8	6	3	7	2	1	9	4	5
4	2	7	8	5	9	1	6	3
9	1	5	3	4	6	7	8	2

Puzzle 49

5	2	6	3	8	9	1	7	4
3	7	9	2	1	4	6	5	8
4	1	8	6	7	5	2	9	3
8	3	5	1	9	6	7	4	2
1	4	2	5	3	7	8	6	9
9	6	7	4	2	8	3	1	5
7	5	1	8	4	2	9	3	6
6	8	3	9	5	1	4	2	7
2	9	4	7	6	3	5	8	1

Puzzle 50

2	4	5	3	8	7	9	6	1
9	7	1	4	5	6	2	8	3
8	6	3	1	9	2	4	5	7
1	9	4	7	6	3	5	2	8
5	8	6	2	1	9	7	3	4
3	2	7	8	4	5	6	1	9
6	1	8	9	2	4	3	7	5
4	3	2	5	7	8	1	9	6
7	5	9	6	3	1	8	4	2

Puzzle 51

2	5	9	8	4	7	1	3	6
1	7	6	3	2	9	4	8	5
8	4	3	5	1	6	9	7	2
6	2	5	4	7	1	8	9	3
3	8	7	6	9	5	2	4	1
9	1	4	2	3	8	6	5	7
5	3	2	9	6	4	7	1	8
7	9	8	1	5	2	3	6	4
4	6	1	7	8	3	5	2	9

Puzzle 52

5	7	4	8	3	1	2	9	6
6	9	8	2	4	7	3	1	5
2	3	1	5	9	6	4	7	8
1	4	7	6	8	2	5	3	9
8	2	5	3	7	9	1	6	4
9	6	3	1	5	4	7	8	2
4	1	2	7	6	8	9	5	3
7	5	6	9	2	3	8	4	1
3	8	9	4	1	5	6	2	7

Puzzle 53

1	4	3	5	7	8	9	2	6
2	6	9	4	3	1	5	7	8
5	8	7	6	2	9	4	3	1
4	9	1	3	6	5	2	8	7
7	5	8	9	1	2	6	4	3
3	2	6	8	4	7	1	5	9
8	7	4	2	9	6	3	1	5
6	1	2	7	5	3	8	9	4
9	3	5	1	8	4	7	6	2

Puzzle 54

3	6	2	4	5	8	7	9	1
4	1	7	6	3	9	5	2	8
5	9	8	2	7	1	4	3	6
9	7	4	5	8	3	1	6	2
1	5	6	7	9	2	8	4	3
2	8	3	1	6	4	9	5	7
7	3	5	9	1	6	2	8	4
8	4	1	3	2	5	6	7	9
6	2	9	8	4	7	3	1	5

Puzzle 55

6	7	8	4	5	3	9	1	2
4	9	1	6	2	8	5	3	7
5	2	3	1	9	7	8	4	6
9	3	7	2	1	5	4	6	8
2	4	6	3	8	9	7	5	1
8	1	5	7	6	4	3	2	9
7	5	2	8	3	1	6	9	4
1	8	9	5	4	6	2	7	3
3	6	4	9	7	2	1	8	5

Puzzle 56

8	7	3	5	4	9	6	1	2
9	4	6	7	1	2	3	8	5
1	2	5	3	6	8	4	7	9
5	3	1	8	9	4	2	6	7
7	9	4	6	2	5	1	3	8
6	8	2	1	3	7	9	5	4
3	5	9	2	8	6	7	4	1
4	1	7	9	5	3	8	2	6
2	6	8	4	7	1	5	9	3

Puzzle 57

5	8	3	7	4	6	9	1	2
6	2	9	3	1	5	4	8	7
1	7	4	9	2	8	5	3	6
9	1	8	5	7	3	2	6	4
3	6	7	4	8	2	1	5	9
4	5	2	1	6	9	8	7	3
2	4	6	8	3	1	7	9	5
8	3	5	2	9	7	6	4	1
7	9	1	6	5	4	3	2	8

Puzzle 58

5	3	4	2	8	1	9	7	6
2	8	6	5	9	7	4	3	1
7	1	9	3	4	6	5	8	2
9	2	5	4	7	8	6	1	3
6	4	3	1	5	2	7	9	8
1	7	8	6	3	9	2	4	5
3	5	7	8	6	4	1	2	9
4	6	2	9	1	3	8	5	7
8	9	1	7	2	5	3	6	4

Puzzle 59

1	4	6	9	3	8	5	2	7
9	5	8	4	2	7	1	3	6
7	3	2	1	6	5	8	4	9
8	2	9	7	4	1	6	5	3
4	7	3	2	5	6	9	8	1
5	6	1	8	9	3	2	7	4
6	8	7	5	1	4	3	9	2
3	9	5	6	7	2	4	1	8
2	1	4	3	8	9	7	6	5

Puzzle 60

7	5	1	2	9	4	8	6	3
8	6	3	1	7	5	4	2	9
2	9	4	6	3	8	1	5	7
3	4	9	5	8	2	7	1	6
5	7	6	3	4	1	9	8	2
1	2	8	7	6	9	3	4	5
4	1	2	9	5	3	6	7	8
9	8	7	4	2	6	5	3	1
6	3	5	8	1	7	2	9	4

Puzzle 61

8	5	3	1	6	7	9	2	4
2	1	6	5	9	4	3	7	8
9	4	7	3	2	8	6	1	5
6	2	1	9	4	5	7	8	3
5	7	8	6	1	3	4	9	2
3	9	4	7	8	2	1	5	6
4	3	5	8	7	1	2	6	9
1	8	9	2	3	6	5	4	7
7	6	2	4	5	9	8	3	1

Puzzle 62

1	9	2	3	8	6	4	7	5
4	3	7	2	5	1	8	9	6
6	5	8	9	7	4	1	3	2
7	8	5	6	3	9	2	1	4
9	1	6	8	4	2	3	5	7
2	4	3	7	1	5	6	8	9
3	2	4	5	9	8	7	6	1
8	6	9	1	2	7	5	4	3
5	7	1	4	6	3	9	2	8

Puzzle 63

7	6	8	5	1	4	2	9	3
9	1	4	8	2	3	5	7	6
3	2	5	6	9	7	4	1	8
5	9	2	7	6	1	8	3	4
1	7	6	4	3	8	9	5	2
4	8	3	2	5	9	1	6	7
8	5	9	3	4	6	7	2	1
2	3	7	1	8	5	6	4	9
6	4	1	9	7	2	3	8	5

Puzzle 64

9	7	6	5	3	2	4	8	1
3	4	8	9	7	1	6	2	5
2	5	1	6	4	8	7	9	3
1	3	5	8	2	4	9	7	6
4	9	2	3	6	7	1	5	8
6	8	7	1	9	5	3	4	2
7	6	3	2	5	9	8	1	4
5	1	9	4	8	6	2	3	7
8	2	4	7	1	3	5	6	9

Puzzle 65

6	4	7	1	9	5	8	3	2
5	2	1	3	6	8	4	7	9
8	3	9	7	4	2	1	5	6
4	6	2	5	8	9	3	1	7
1	8	5	2	3	7	6	9	4
9	7	3	6	1	4	5	2	8
7	1	6	8	2	3	9	4	5
2	9	8	4	5	1	7	6	3
3	5	4	9	7	6	2	8	1

Puzzle 66

1	7	3	4	8	9	5	2	6
5	4	8	2	6	3	9	1	7
2	9	6	1	5	7	3	4	8
8	3	9	7	2	6	4	5	1
7	6	1	9	4	5	2	8	3
4	2	5	3	1	8	7	6	9
3	8	4	5	9	1	6	7	2
9	1	2	6	7	4	8	3	5
6	5	7	8	3	2	1	9	4

Puzzle 67

5	7	6	4	3	9	1	2	8
3	2	9	1	7	8	6	4	5
8	1	4	2	6	5	9	7	3
4	5	1	9	8	3	7	6	2
6	8	7	5	4	2	3	1	9
2	9	3	7	1	6	5	8	4
9	4	2	6	5	1	8	3	7
7	6	8	3	9	4	2	5	1
1	3	5	8	2	7	4	9	6

Puzzle 68

8	5	2	6	4	1	7	9	3
4	6	1	3	9	7	5	8	2
3	7	9	2	5	8	4	6	1
2	1	6	9	8	5	3	7	4
5	9	8	7	3	4	1	2	6
7	3	4	1	2	6	8	5	9
6	8	3	5	1	2	9	4	7
9	4	7	8	6	3	2	1	5
1	2	5	4	7	9	6	3	8

Puzzle 69

2	4	5	7	8	6	9	3	1
9	8	6	5	3	1	4	2	7
3	7	1	4	2	9	8	5	6
7	2	9	8	4	3	6	1	5
1	6	3	2	9	5	7	8	4
4	5	8	6	1	7	2	9	3
6	3	2	9	5	4	1	7	8
8	1	4	3	7	2	5	6	9
5	9	7	1	6	8	3	4	2

Puzzle 70

3	2	6	4	8	5	7	1	9
1	9	5	3	6	7	8	4	2
7	8	4	2	1	9	3	5	6
4	7	1	6	3	8	2	9	5
2	3	8	9	5	4	6	7	1
5	6	9	1	7	2	4	3	8
8	1	2	7	9	3	5	6	4
6	5	3	8	4	1	9	2	7
9	4	7	5	2	6	1	8	3

Puzzle 71

1	9	2	4	8	6	5	3	7
3	8	7	5	2	1	4	6	9
6	4	5	3	9	7	1	8	2
2	6	9	7	4	8	3	1	5
8	3	4	2	1	5	7	9	6
5	7	1	6	3	9	8	2	4
7	2	8	9	5	3	6	4	1
4	5	3	1	6	2	9	7	8
9	1	6	8	7	4	2	5	3

Puzzle 72

8	1	7	3	4	2	9	5	6
6	3	4	9	5	7	2	1	8
5	2	9	6	1	8	3	7	4
9	7	1	4	2	3	8	6	5
3	5	8	1	7	6	4	9	2
2	4	6	8	9	5	7	3	1
7	9	2	5	6	4	1	8	3
1	8	5	2	3	9	6	4	7
4	6	3	7	8	1	5	2	9

Puzzle 73

3	7	5	6	4	9	8	2	1
6	1	8	3	7	2	9	5	4
4	2	9	8	5	1	6	3	7
7	4	1	2	8	5	3	6	9
8	3	2	1	9	6	7	4	5
9	5	6	4	3	7	2	1	8
1	6	7	9	2	4	5	8	3
2	9	3	5	1	8	4	7	6
5	8	4	7	6	3	1	9	2

Puzzle 74

8	4	7	6	5	2	9	1	3
1	5	6	4	3	9	2	8	7
2	3	9	1	7	8	6	5	4
3	8	4	9	1	6	7	2	5
9	7	2	5	8	4	3	6	1
6	1	5	3	2	7	4	9	8
5	6	3	7	9	1	8	4	2
7	9	8	2	4	5	1	3	6
4	2	1	8	6	3	5	7	9

Puzzle 75

2	5	4	3	6	7	9	1	8
3	7	1	4	8	9	2	6	5
6	9	8	5	1	2	3	7	4
4	8	7	2	3	1	5	9	6
1	2	9	7	5	6	4	8	3
5	3	6	9	4	8	1	2	7
9	4	2	6	7	5	8	3	1
8	6	5	1	2	3	7	4	9
7	1	3	8	9	4	6	5	2

Puzzle 76

4	2	7	6	3	9	5	1	8
1	8	9	2	4	5	7	6	3
6	5	3	1	8	7	9	2	4
9	1	6	4	7	3	8	5	2
5	3	2	8	6	1	4	7	9
8	7	4	9	5	2	1	3	6
2	6	5	7	9	4	3	8	1
7	4	1	3	2	8	6	9	5
3	9	8	5	1	6	2	4	7

Puzzle 77

4	2	9	7	8	1	3	6	5
8	5	3	2	9	6	4	1	7
1	7	6	3	5	4	8	9	2
2	3	5	9	6	8	1	7	4
7	4	8	1	2	5	9	3	6
9	6	1	4	7	3	2	5	8
6	8	2	5	1	9	7	4	3
5	9	4	8	3	7	6	2	1
3	1	7	6	4	2	5	8	9

Puzzle 78

9	2	6	5	8	4	7	3	1
4	7	3	1	9	2	8	6	5
1	5	8	3	7	6	9	4	2
5	3	1	6	2	9	4	7	8
6	8	7	4	3	5	2	1	9
2	4	9	7	1	8	6	5	3
8	6	5	9	4	3	1	2	7
3	1	2	8	6	7	5	9	4
7	9	4	2	5	1	3	8	6

Puzzle 79

2	8	1	4	9	7	3	6	5
4	7	3	8	5	6	2	1	9
6	9	5	2	1	3	8	4	7
7	3	4	9	2	1	6	5	8
1	5	6	3	7	8	4	9	2
9	2	8	5	6	4	7	3	1
3	4	7	1	8	5	9	2	6
8	1	2	6	3	9	5	7	4
5	6	9	7	4	2	1	8	3

Puzzle 80

6	1	2	5	3	8	9	7	4
5	4	3	7	1	9	8	2	6
8	9	7	6	4	2	1	3	5
2	8	5	9	7	6	4	1	3
3	6	9	1	8	4	7	5	2
4	7	1	3	2	5	6	9	8
9	5	4	2	6	1	3	8	7
1	3	6	8	5	7	2	4	9
7	2	8	4	9	3	5	6	1

Puzzle 81

2	1	5	3	4	6	7	9	8
3	4	9	5	8	7	1	2	6
8	7	6	9	2	1	5	4	3
6	9	1	4	7	8	3	5	2
5	8	4	1	3	2	9	6	7
7	2	3	6	5	9	8	1	4
4	5	2	7	9	3	6	8	1
1	3	8	2	6	5	4	7	9
9	6	7	8	1	4	2	3	5

Puzzle 82

8	2	1	3	6	4	7	5	9
5	3	7	2	9	1	8	4	6
9	4	6	8	7	5	2	1	3
2	1	8	7	5	3	6	9	4
4	5	9	6	8	2	1	3	7
6	7	3	4	1	9	5	2	8
3	8	4	1	2	7	9	6	5
1	6	5	9	3	8	4	7	2
7	9	2	5	4	6	3	8	1

Puzzle 83

6	2	3	4	7	8	9	1	5
4	7	5	6	9	1	3	8	2
8	1	9	5	2	3	7	6	4
7	5	8	1	6	9	2	4	3
9	4	1	3	5	2	8	7	6
2	3	6	7	8	4	5	9	1
1	9	2	8	4	5	6	3	7
3	8	7	2	1	6	4	5	9
5	6	4	9	3	7	1	2	8

Puzzle 84

9	3	7	8	5	2	4	1	6
1	5	4	9	7	6	8	2	3
2	6	8	1	4	3	7	9	5
5	9	2	3	6	8	1	7	4
7	4	3	2	1	5	9	6	8
8	1	6	7	9	4	5	3	2
6	2	1	5	8	9	3	4	7
3	8	9	4	2	7	6	5	1
4	7	5	6	3	1	2	8	9

Puzzle 85

2	1	3	5	7	4	9	8	6
6	8	5	9	3	1	7	2	4
7	4	9	2	6	8	1	3	5
5	7	2	3	4	9	8	6	1
3	9	4	1	8	6	2	5	7
1	6	8	7	2	5	4	9	3
4	5	6	8	9	7	3	1	2
8	3	7	6	1	2	5	4	9
9	2	1	4	5	3	6	7	8

Puzzle 86

4	7	1	5	2	9	6	3	8
3	2	9	6	4	8	7	1	5
6	5	8	3	1	7	9	2	4
1	4	6	9	3	2	8	5	7
2	3	7	8	6	5	4	9	1
8	9	5	1	7	4	2	6	3
7	6	4	2	5	1	3	8	9
5	8	2	7	9	3	1	4	6
9	1	3	4	8	6	5	7	2

Puzzle 87

8	5	3	7	9	4	2	6	1
4	7	6	5	1	2	9	3	8
1	2	9	8	6	3	5	4	7
9	6	4	1	7	8	3	5	2
7	3	8	2	5	9	4	1	6
5	1	2	4	3	6	8	7	9
6	9	1	3	8	5	7	2	4
2	8	5	6	4	7	1	9	3
3	4	7	9	2	1	6	8	5

Puzzle 88

3	6	1	4	2	5	7	8	9
4	9	2	3	8	7	5	6	1
5	8	7	1	6	9	3	4	2
8	5	4	2	3	6	1	9	7
9	2	3	8	7	1	4	5	6
1	7	6	5	9	4	8	2	3
7	4	9	6	5	3	2	1	8
2	3	5	9	1	8	6	7	4
6	1	8	7	4	2	9	3	5

Puzzle 89

8	2	9	7	3	6	1	5	4
3	5	4	1	8	2	7	6	9
6	7	1	4	9	5	8	3	2
1	6	7	2	4	9	5	8	3
2	3	8	5	7	1	9	4	6
4	9	5	8	6	3	2	7	1
9	1	3	6	5	7	4	2	8
7	8	6	9	2	4	3	1	5
5	4	2	3	1	8	6	9	7

Puzzle 90

4	3	2	5	6	9	7	8	1
1	8	9	3	4	7	5	2	6
5	6	7	8	1	2	3	9	4
6	1	8	7	5	4	9	3	2
3	9	4	6	2	8	1	5	7
2	7	5	1	9	3	6	4	8
8	5	1	4	3	6	2	7	9
7	2	3	9	8	1	4	6	5
9	4	6	2	7	5	8	1	3

Puzzle 91

1	9	8	2	5	7	4	6	3
2	4	7	1	3	6	9	5	8
5	6	3	8	4	9	2	7	1
7	5	2	9	1	3	8	4	6
4	3	9	5	6	8	1	2	7
8	1	6	4	7	2	3	9	5
6	2	5	3	9	1	7	8	4
9	7	1	6	8	4	5	3	2
3	8	4	7	2	5	6	1	9

Puzzle 92

6	4	2	8	5	7	3	9	1
3	9	8	1	4	6	2	7	5
7	5	1	3	2	9	4	8	6
5	7	6	9	3	4	1	2	8
2	8	3	5	6	1	9	4	7
9	1	4	2	7	8	5	6	3
8	6	9	4	1	3	7	5	2
4	3	5	7	8	2	6	1	9
1	2	7	6	9	5	8	3	4

Puzzle 93

4	5	6	9	3	8	2	1	7
3	7	8	6	1	2	4	9	5
9	2	1	4	5	7	3	6	8
5	3	4	2	9	1	7	8	6
2	6	9	7	8	5	1	3	4
8	1	7	3	6	4	5	2	9
6	8	5	1	7	3	9	4	2
1	9	2	5	4	6	8	7	3
7	4	3	8	2	9	6	5	1

Puzzle 94

1	2	9	8	7	6	4	3	5
7	5	6	4	3	9	2	8	1
3	4	8	5	1	2	9	6	7
6	8	2	9	5	7	3	1	4
4	9	3	1	6	8	5	7	2
5	1	7	3	2	4	8	9	6
9	7	1	2	4	3	6	5	8
8	6	4	7	9	5	1	2	3
2	3	5	6	8	1	7	4	9

Puzzle 95

6	5	4	1	2	9	8	7	3
2	1	7	8	6	3	9	4	5
8	9	3	5	4	7	2	1	6
4	3	5	7	9	8	6	2	1
7	2	9	6	5	1	3	8	4
1	8	6	2	3	4	7	5	9
9	6	8	4	7	5	1	3	2
5	7	2	3	1	6	4	9	8
3	4	1	9	8	2	5	6	7

Puzzle 96

9	3	6	8	7	4	2	1	5
8	2	5	6	3	1	9	7	4
7	4	1	2	5	9	8	3	6
2	5	7	4	8	3	1	6	9
3	1	4	5	9	6	7	8	2
6	8	9	1	2	7	4	5	3
1	6	3	7	4	2	5	9	8
5	9	2	3	1	8	6	4	7
4	7	8	9	6	5	3	2	1

Puzzle 97

2	7	3	5	9	4	8	1	6
4	5	8	1	6	7	2	9	3
9	1	6	8	3	2	5	7	4
8	4	9	6	7	3	1	2	5
6	2	1	4	5	8	7	3	9
5	3	7	9	2	1	4	6	8
1	6	5	2	8	9	3	4	7
7	8	2	3	4	6	9	5	1
3	9	4	7	1	5	6	8	2

Puzzle 98

4	9	7	2	3	1	8	6	5
5	2	8	9	6	7	3	1	4
3	6	1	5	4	8	7	2	9
1	4	9	7	8	6	2	5	3
6	5	2	4	9	3	1	7	8
8	7	3	1	2	5	9	4	6
7	1	6	8	5	9	4	3	2
9	3	4	6	7	2	5	8	1
2	8	5	3	1	4	6	9	7

Puzzle 99

5	7	6	4	9	8	3	2	1
3	9	8	7	1	2	6	5	4
2	1	4	3	5	6	7	9	8
9	3	2	1	7	5	8	4	6
7	4	1	6	8	9	2	3	5
8	6	5	2	4	3	9	1	7
1	8	3	5	2	7	4	6	9
4	2	9	8	6	1	5	7	3
6	5	7	9	3	4	1	8	2

Puzzle 100

5	7	8	3	1	6	2	4	9
6	3	4	5	2	9	8	7	1
9	1	2	8	4	7	6	5	3
8	2	5	7	6	3	1	9	4
3	4	1	2	9	8	7	6	5
7	6	9	4	5	1	3	8	2
4	9	7	6	3	2	5	1	8
1	8	3	9	7	5	4	2	6
2	5	6	1	8	4	9	3	7

Puzzle 101

3	5	2	4	1	7	9	6	8
8	7	9	6	2	5	1	4	3
1	4	6	9	3	8	7	5	2
5	6	7	3	9	1	8	2	4
2	8	1	5	7	4	6	3	9
9	3	4	2	8	6	5	7	1
6	2	8	1	5	3	4	9	7
4	1	3	7	6	9	2	8	5
7	9	5	8	4	2	3	1	6

Puzzle 102

8	3	6	4	1	5	9	2	7
4	2	9	7	8	6	5	3	1
5	7	1	2	3	9	4	8	6
2	4	5	8	9	7	1	6	3
9	1	3	6	2	4	8	7	5
7	6	8	3	5	1	2	9	4
1	5	7	9	6	8	3	4	2
6	8	2	1	4	3	7	5	9
3	9	4	5	7	2	6	1	8

Puzzle 103

3	9	6	4	7	1	8	2	5
4	2	7	6	8	5	9	3	1
1	8	5	2	3	9	7	4	6
7	4	3	5	1	6	2	8	9
8	1	2	3	9	4	6	5	7
5	6	9	7	2	8	3	1	4
6	7	8	1	4	3	5	9	2
2	3	1	9	5	7	4	6	8
9	5	4	8	6	2	1	7	3

Puzzle 104

8	3	5	4	2	6	7	1	9
6	4	7	8	9	1	5	3	2
1	9	2	5	3	7	6	8	4
9	1	3	6	7	5	4	2	8
7	2	4	1	8	3	9	5	6
5	8	6	9	4	2	3	7	1
4	7	1	2	5	9	8	6	3
3	6	8	7	1	4	2	9	5
2	5	9	3	6	8	1	4	7

Puzzle 105

7	8	3	6	2	1	9	4	5
2	1	5	4	3	9	7	6	8
4	9	6	5	8	7	3	1	2
1	7	2	3	9	4	8	5	6
9	5	8	2	7	6	1	3	4
3	6	4	8	1	5	2	9	7
6	2	1	7	4	3	5	8	9
8	4	9	1	5	2	6	7	3
5	3	7	9	6	8	4	2	1

Puzzle 106

1	4	6	3	7	5	8	2	9
2	5	7	9	6	8	3	1	4
8	9	3	2	1	4	5	6	7
6	7	1	5	2	3	9	4	8
9	2	8	6	4	7	1	3	5
4	3	5	1	8	9	6	7	2
3	1	4	8	5	2	7	9	6
5	6	2	7	9	1	4	8	3
7	8	9	4	3	6	2	5	1

Puzzle 107

4	6	7	9	1	5	2	8	3
2	1	5	6	3	8	7	9	4
8	3	9	4	2	7	6	5	1
1	5	3	2	9	6	8	4	7
6	8	2	3	7	4	5	1	9
9	7	4	8	5	1	3	2	6
3	9	8	7	4	2	1	6	5
5	4	6	1	8	3	9	7	2
7	2	1	5	6	9	4	3	8

Puzzle 108

8	2	1	5	9	4	7	3	6
3	7	9	6	2	1	5	4	8
5	4	6	3	7	8	1	2	9
7	3	8	1	6	2	4	9	5
2	9	5	7	4	3	8	6	1
1	6	4	9	8	5	2	7	3
4	1	7	8	3	6	9	5	2
9	8	3	2	5	7	6	1	4
6	5	2	4	1	9	3	8	7

Puzzle 109

5	1	3	2	8	6	7	9	4
8	9	6	4	5	7	1	2	3
4	2	7	3	9	1	8	5	6
9	7	5	6	3	8	2	4	1
3	6	8	1	2	4	9	7	5
2	4	1	9	7	5	3	6	8
1	8	9	5	6	2	4	3	7
7	5	2	8	4	3	6	1	9
6	3	4	7	1	9	5	8	2

Puzzle 110

5	3	6	8	9	2	4	7	1
4	2	1	3	7	6	5	9	8
7	8	9	1	5	4	2	3	6
9	7	2	4	8	3	1	6	5
6	1	8	9	2	5	7	4	3
3	5	4	7	6	1	8	2	9
2	9	5	6	4	8	3	1	7
1	4	7	5	3	9	6	8	2
8	6	3	2	1	7	9	5	4

Puzzle 111

6	3	9	2	8	4	5	7	1
7	5	8	3	1	9	2	6	4
4	1	2	5	7	6	8	3	9
2	9	5	7	4	3	6	1	8
1	8	7	6	2	5	4	9	3
3	4	6	8	9	1	7	5	2
5	2	1	9	6	8	3	4	7
8	6	4	1	3	7	9	2	5
9	7	3	4	5	2	1	8	6

Puzzle 112

4	2	7	5	1	3	6	9	8
8	5	3	7	9	6	2	1	4
9	6	1	8	4	2	3	5	7
5	7	6	1	8	4	9	3	2
2	8	9	3	5	7	4	6	1
3	1	4	2	6	9	8	7	5
6	9	2	4	7	1	5	8	3
7	4	5	9	3	8	1	2	6
1	3	8	6	2	5	7	4	9

Puzzle 113

1	9	5	7	6	2	8	4	3
6	4	2	5	8	3	9	1	7
3	8	7	4	9	1	2	6	5
5	7	3	6	1	9	4	8	2
8	2	1	3	4	7	5	9	6
4	6	9	8	2	5	7	3	1
7	1	6	9	5	4	3	2	8
2	5	4	1	3	8	6	7	9
9	3	8	2	7	6	1	5	4

Puzzle 114

8	1	3	6	7	2	4	5	9
6	2	4	8	5	9	1	7	3
7	5	9	3	1	4	2	6	8
2	4	7	9	8	3	5	1	6
3	6	5	2	4	1	8	9	7
1	9	8	7	6	5	3	2	4
4	8	6	1	2	7	9	3	5
5	3	1	4	9	6	7	8	2
9	7	2	5	3	8	6	4	1

Puzzle 115

3	1	7	2	8	4	9	5	6
4	9	8	1	6	5	2	7	3
2	6	5	7	9	3	4	1	8
9	7	1	4	2	6	3	8	5
6	3	2	8	5	9	7	4	1
8	5	4	3	7	1	6	2	9
7	8	9	5	3	2	1	6	4
5	4	6	9	1	7	8	3	2
1	2	3	6	4	8	5	9	7

Puzzle 116

7	2	5	6	1	4	9	8	3
9	1	4	2	8	3	7	6	5
6	8	3	7	9	5	4	1	2
3	4	7	8	6	2	1	5	9
5	6	8	1	3	9	2	4	7
2	9	1	4	5	7	6	3	8
4	7	6	5	2	8	3	9	1
1	5	9	3	7	6	8	2	4
8	3	2	9	4	1	5	7	6

Puzzle 117

7	4	1	2	6	5	3	9	8
6	2	3	8	7	9	4	5	1
8	5	9	3	4	1	7	2	6
4	1	2	7	3	6	9	8	5
3	7	5	1	9	8	2	6	4
9	8	6	5	2	4	1	3	7
2	3	8	4	5	7	6	1	9
1	9	4	6	8	3	5	7	2
5	6	7	9	1	2	8	4	3

Puzzle 118

2	9	5	6	1	4	3	8	7
6	1	7	9	8	3	5	4	2
8	3	4	5	2	7	6	1	9
1	6	3	4	7	5	2	9	8
5	4	2	1	9	8	7	3	6
9	7	8	2	3	6	1	5	4
7	8	9	3	6	1	4	2	5
4	2	1	7	5	9	8	6	3
3	5	6	8	4	2	9	7	1

Puzzle 119

4	6	1	9	8	5	7	3	2
7	3	5	4	1	2	9	6	8
9	2	8	7	3	6	4	5	1
5	7	9	8	2	4	3	1	6
1	8	6	3	7	9	2	4	5
3	4	2	6	5	1	8	9	7
6	1	7	2	9	3	5	8	4
8	9	4	5	6	7	1	2	3
2	5	3	1	4	8	6	7	9

Puzzle 120

8	7	1	4	9	6	2	5	3
9	2	3	8	1	5	6	7	4
5	6	4	3	2	7	1	8	9
6	8	9	7	3	1	4	2	5
7	3	2	6	5	4	9	1	8
4	1	5	9	8	2	7	3	6
1	5	6	2	4	8	3	9	7
2	9	7	5	6	3	8	4	1
3	4	8	1	7	9	5	6	2

Puzzle 121

1	9	3	4	5	8	2	6	7
4	7	8	1	6	2	9	3	5
6	2	5	3	7	9	4	1	8
9	1	7	2	4	3	5	8	6
8	3	4	5	9	6	7	2	1
5	6	2	7	8	1	3	9	4
2	5	6	9	1	4	8	7	3
7	8	9	6	3	5	1	4	2
3	4	1	8	2	7	6	5	9

Puzzle 122

9	1	4	3	8	7	5	2	6
2	5	8	4	1	6	7	9	3
7	6	3	9	5	2	8	1	4
3	8	2	1	9	5	4	6	7
6	9	5	2	7	4	3	8	1
1	4	7	8	6	3	9	5	2
5	7	1	6	4	9	2	3	8
4	3	6	5	2	8	1	7	9
8	2	9	7	3	1	6	4	5

Puzzle 123

1	9	7	3	5	8	6	4	2
2	5	3	6	1	4	9	8	7
8	6	4	2	7	9	3	1	5
3	1	6	9	2	7	8	5	4
7	2	5	4	8	6	1	9	3
9	4	8	5	3	1	2	7	6
4	3	9	8	6	5	7	2	1
6	8	1	7	4	2	5	3	9
5	7	2	1	9	3	4	6	8

Puzzle 124

1	7	9	5	4	2	6	3	8
6	3	8	1	9	7	2	4	5
2	4	5	6	8	3	9	1	7
4	5	3	2	7	9	8	6	1
8	1	2	4	6	5	3	7	9
7	9	6	3	1	8	5	2	4
3	6	1	9	5	4	7	8	2
9	2	7	8	3	1	4	5	6
5	8	4	7	2	6	1	9	3

Puzzle 125

7	8	2	6	3	5	4	9	1
3	6	9	2	4	1	7	8	5
4	5	1	9	7	8	3	2	6
1	2	3	5	6	7	9	4	8
9	7	6	1	8	4	5	3	2
8	4	5	3	9	2	1	6	7
6	1	7	4	2	3	8	5	9
2	3	8	7	5	9	6	1	4
5	9	4	8	1	6	2	7	3

Puzzle 126

5	9	8	7	4	1	6	2	3
4	2	1	8	3	6	9	5	7
6	7	3	2	5	9	1	8	4
8	5	2	1	9	4	3	7	6
3	4	9	6	2	7	8	1	5
1	6	7	3	8	5	2	4	9
2	3	5	4	6	8	7	9	1
7	8	4	9	1	3	5	6	2
9	1	6	5	7	2	4	3	8

Puzzle 127

3	9	5	1	2	6	4	8	7
2	1	4	5	8	7	3	9	6
7	6	8	9	4	3	2	5	1
6	8	9	4	3	2	1	7	5
5	4	3	6	7	1	8	2	9
1	2	7	8	5	9	6	4	3
9	7	1	2	6	8	5	3	4
8	5	6	3	9	4	7	1	2
4	3	2	7	1	5	9	6	8

Puzzle 128

8	5	7	2	9	4	3	6	1
2	1	9	3	8	6	4	7	5
6	3	4	5	7	1	8	2	9
3	6	2	8	5	9	1	4	7
5	7	1	6	4	3	9	8	2
4	9	8	1	2	7	6	5	3
9	4	6	7	3	2	5	1	8
1	2	5	9	6	8	7	3	4
7	8	3	4	1	5	2	9	6

Puzzle 129

9	8	5	1	4	3	2	7	6
7	3	2	5	6	9	1	8	4
6	4	1	8	2	7	9	5	3
3	7	9	2	8	5	6	4	1
4	2	8	7	1	6	3	9	5
5	1	6	9	3	4	8	2	7
2	9	4	6	7	1	5	3	8
8	6	7	3	5	2	4	1	9
1	5	3	4	9	8	7	6	2

Puzzle 130

1	2	7	3	6	9	4	5	8
8	6	9	5	4	7	2	1	3
4	3	5	1	2	8	7	9	6
6	1	3	2	7	5	8	4	9
9	4	2	6	8	1	3	7	5
5	7	8	9	3	4	1	6	2
7	9	1	8	5	2	6	3	4
3	8	4	7	9	6	5	2	1
2	5	6	4	1	3	9	8	7

Puzzle 131

6	8	5	9	7	4	2	1	3
2	9	7	8	3	1	6	5	4
1	3	4	2	5	6	7	9	8
8	1	2	4	9	5	3	7	6
9	5	3	6	2	7	8	4	1
7	4	6	3	1	8	9	2	5
3	2	1	5	8	9	4	6	7
4	7	9	1	6	3	5	8	2
5	6	8	7	4	2	1	3	9

Puzzle 132

7	1	4	9	5	3	2	6	8
2	5	3	1	6	8	4	9	7
6	8	9	7	2	4	5	1	3
3	6	5	8	9	7	1	2	4
8	4	7	6	1	2	9	3	5
9	2	1	4	3	5	8	7	6
4	9	2	5	7	6	3	8	1
1	7	8	3	4	9	6	5	2
5	3	6	2	8	1	7	4	9

Puzzle 133

2	9	1	5	8	4	7	3	6
3	4	8	2	7	6	1	9	5
5	7	6	3	1	9	2	8	4
6	8	5	1	4	7	9	2	3
4	2	9	6	3	8	5	1	7
1	3	7	9	2	5	4	6	8
8	1	3	7	5	2	6	4	9
9	5	2	4	6	3	8	7	1
7	6	4	8	9	1	3	5	2

Puzzle 134

6	1	7	3	8	4	9	2	5
5	3	8	1	9	2	6	4	7
4	9	2	6	7	5	8	3	1
8	6	3	2	5	1	4	7	9
7	5	9	4	3	8	2	1	6
1	2	4	7	6	9	5	8	3
9	8	1	5	2	7	3	6	4
3	4	5	8	1	6	7	9	2
2	7	6	9	4	3	1	5	8

Puzzle 135

7	8	3	2	9	1	6	4	5
9	1	5	3	6	4	8	2	7
6	2	4	7	8	5	9	1	3
1	9	8	5	4	3	2	7	6
5	4	7	1	2	6	3	8	9
3	6	2	8	7	9	1	5	4
4	7	1	9	3	2	5	6	8
2	3	6	4	5	8	7	9	1
8	5	9	6	1	7	4	3	2

Puzzle 136

1	5	9	3	8	4	2	6	7
2	4	3	1	7	6	5	9	8
8	6	7	5	9	2	4	1	3
7	8	1	2	6	9	3	5	4
5	2	4	7	3	1	6	8	9
9	3	6	8	4	5	7	2	1
3	1	5	9	2	7	8	4	6
6	7	2	4	1	8	9	3	5
4	9	8	6	5	3	1	7	2

Puzzle 137

9	7	5	1	3	6	4	2	8
2	1	8	9	5	4	6	7	3
4	3	6	2	7	8	1	9	5
6	2	1	4	8	7	3	5	9
3	5	7	6	2	9	8	1	4
8	4	9	3	1	5	2	6	7
5	8	4	7	6	2	9	3	1
7	6	3	8	9	1	5	4	2
1	9	2	5	4	3	7	8	6

Puzzle 138

2	4	8	7	9	6	3	1	5
6	9	3	2	5	1	7	4	8
1	7	5	8	3	4	2	9	6
8	2	6	3	7	9	1	5	4
9	1	4	6	2	5	8	7	3
3	5	7	1	4	8	6	2	9
5	3	2	9	8	7	4	6	1
7	6	9	4	1	3	5	8	2
4	8	1	5	6	2	9	3	7

Puzzle 139

3	7	4	2	8	5	6	9	1
5	9	8	3	1	6	2	4	7
6	1	2	9	7	4	5	8	3
9	3	6	5	2	7	4	1	8
8	4	7	6	9	1	3	5	2
2	5	1	8	4	3	7	6	9
1	2	5	4	3	8	9	7	6
4	8	3	7	6	9	1	2	5
7	6	9	1	5	2	8	3	4

Puzzle 140

8	9	4	7	3	5	6	2	1
2	6	1	8	4	9	7	3	5
5	3	7	6	2	1	8	4	9
9	5	2	1	8	4	3	6	7
7	1	8	5	6	3	2	9	4
3	4	6	2	9	7	1	5	8
1	7	3	4	5	2	9	8	6
6	2	5	9	1	8	4	7	3
4	8	9	3	7	6	5	1	2

Puzzle 141

2	8	9	5	3	1	7	6	4
1	4	5	2	6	7	8	3	9
7	6	3	9	4	8	5	2	1
4	3	7	1	9	5	6	8	2
6	1	8	4	7	2	9	5	3
5	9	2	6	8	3	4	1	7
8	7	6	3	1	9	2	4	5
9	2	1	8	5	4	3	7	6
3	5	4	7	2	6	1	9	8

Puzzle 142

9	5	2	7	6	8	4	3	1
6	4	3	1	9	2	8	7	5
8	1	7	3	4	5	9	6	2
7	6	1	4	2	3	5	9	8
2	8	4	9	5	7	3	1	6
3	9	5	6	8	1	2	4	7
5	3	9	8	7	6	1	2	4
1	2	6	5	3	4	7	8	9
4	7	8	2	1	9	6	5	3

Puzzle 143

3	5	9	8	4	2	6	1	7
8	2	4	7	6	1	5	9	3
6	7	1	3	5	9	2	4	8
2	8	5	1	9	7	3	6	4
4	9	7	2	3	6	1	8	5
1	6	3	5	8	4	9	7	2
9	1	2	4	7	5	8	3	6
5	4	8	6	1	3	7	2	9
7	3	6	9	2	8	4	5	1

Puzzle 144

8	3	4	6	5	1	9	7	2
7	5	1	8	9	2	4	6	3
2	9	6	3	7	4	8	5	1
5	2	7	1	3	8	6	4	9
1	8	3	4	6	9	5	2	7
6	4	9	7	2	5	1	3	8
9	6	5	2	1	3	7	8	4
3	7	8	9	4	6	2	1	5
4	1	2	5	8	7	3	9	6

Puzzle 145

3	4	9	6	2	5	7	8	1
5	1	8	4	7	3	6	2	9
6	2	7	9	8	1	5	4	3
9	8	1	3	5	7	4	6	2
2	6	5	1	4	9	8	3	7
7	3	4	8	6	2	9	1	5
8	9	3	7	1	4	2	5	6
1	5	6	2	9	8	3	7	4
4	7	2	5	3	6	1	9	8

Puzzle 146

5	9	8	3	1	6	7	2	4
3	6	7	2	5	4	8	1	9
1	2	4	8	9	7	5	6	3
7	4	3	5	2	9	1	8	6
2	1	6	7	3	8	4	9	5
9	8	5	4	6	1	3	7	2
8	5	1	6	4	2	9	3	7
4	7	2	9	8	3	6	5	1
6	3	9	1	7	5	2	4	8

Puzzle 147

8	4	5	6	1	3	2	9	7
3	6	9	5	7	2	8	1	4
2	1	7	8	4	9	3	5	6
6	9	3	4	2	7	1	8	5
1	5	4	3	6	8	9	7	2
7	8	2	9	5	1	6	4	3
5	3	8	2	9	4	7	6	1
4	2	1	7	8	6	5	3	9
9	7	6	1	3	5	4	2	8

Puzzle 148

4	1	5	7	8	2	3	9	6
8	6	3	1	5	9	4	7	2
7	9	2	3	4	6	8	1	5
6	8	9	4	2	3	7	5	1
2	4	7	5	9	1	6	8	3
5	3	1	6	7	8	2	4	9
1	7	6	8	3	5	9	2	4
9	5	4	2	6	7	1	3	8
3	2	8	9	1	4	5	6	7

Puzzle 149

1	4	8	3	9	6	7	5	2
5	7	2	8	4	1	9	6	3
6	3	9	2	7	5	1	8	4
9	6	4	7	2	8	3	1	5
7	5	1	4	6	3	8	2	9
2	8	3	5	1	9	4	7	6
3	9	6	1	5	7	2	4	8
4	1	5	9	8	2	6	3	7
8	2	7	6	3	4	5	9	1

Puzzle 150

3	2	9	1	5	8	4	7	6
4	1	8	6	9	7	2	3	5
7	5	6	4	3	2	8	1	9
5	7	3	9	6	4	1	8	2
8	9	1	5	2	3	6	4	7
2	6	4	7	8	1	5	9	3
9	4	7	2	1	5	3	6	8
6	3	2	8	4	9	7	5	1
1	8	5	3	7	6	9	2	4

Puzzle 151

8	2	4	5	1	3	9	7	6
3	6	9	8	7	4	1	2	5
7	1	5	2	6	9	3	4	8
9	4	8	7	3	2	5	6	1
5	3	2	1	4	6	8	9	7
6	7	1	9	8	5	4	3	2
4	5	3	6	2	8	7	1	9
2	9	7	3	5	1	6	8	4
1	8	6	4	9	7	2	5	3

Puzzle 152

9	7	4	1	6	3	2	5	8
1	8	2	9	7	5	6	4	3
5	3	6	4	2	8	1	9	7
4	6	8	3	9	1	7	2	5
7	5	3	6	8	2	9	1	4
2	9	1	5	4	7	3	8	6
6	1	5	2	3	4	8	7	9
8	2	9	7	5	6	4	3	1
3	4	7	8	1	9	5	6	2

Puzzle 153

8	7	4	9	2	6	1	5	3
1	9	3	8	5	7	4	2	6
2	5	6	3	1	4	8	7	9
6	3	1	5	9	8	2	4	7
5	8	7	6	4	2	3	9	1
4	2	9	7	3	1	5	6	8
9	4	8	2	7	3	6	1	5
7	6	2	1	8	5	9	3	4
3	1	5	4	6	9	7	8	2

Puzzle 154

9	2	5	1	4	8	7	6	3
7	4	1	6	5	3	9	8	2
8	6	3	9	2	7	5	4	1
2	1	6	5	9	4	3	7	8
3	5	7	8	6	2	1	9	4
4	8	9	7	3	1	6	2	5
5	9	8	2	1	6	4	3	7
1	7	4	3	8	9	2	5	6
6	3	2	4	7	5	8	1	9

Puzzle 155

4	6	5	9	3	1	7	8	2
3	2	1	7	8	6	5	9	4
8	9	7	5	4	2	6	1	3
2	5	4	6	7	9	8	3	1
6	3	8	1	5	4	9	2	7
1	7	9	3	2	8	4	6	5
7	1	2	8	9	5	3	4	6
9	4	3	2	6	7	1	5	8
5	8	6	4	1	3	2	7	9

Puzzle 156

5	9	3	6	2	8	7	4	1
6	2	8	1	7	4	3	9	5
7	4	1	5	9	3	2	8	6
2	1	6	4	3	5	8	7	9
9	5	4	2	8	7	6	1	3
8	3	7	9	6	1	4	5	2
4	6	5	8	1	2	9	3	7
3	8	2	7	5	9	1	6	4
1	7	9	3	4	6	5	2	8

Puzzle 157

3	9	7	4	5	1	6	2	8
5	4	8	2	6	3	7	1	9
2	6	1	8	7	9	4	3	5
4	7	3	1	8	2	5	9	6
6	2	5	9	3	7	8	4	1
1	8	9	5	4	6	3	7	2
9	3	4	6	2	5	1	8	7
7	5	2	3	1	8	9	6	4
8	1	6	7	9	4	2	5	3

Puzzle 158

8	2	4	1	6	3	7	5	9
6	5	9	4	2	7	8	3	1
1	7	3	9	8	5	4	6	2
2	9	8	7	5	6	1	4	3
5	1	6	3	4	9	2	8	7
4	3	7	8	1	2	6	9	5
7	8	2	5	9	4	3	1	6
9	6	1	2	3	8	5	7	4
3	4	5	6	7	1	9	2	8

Puzzle 159

7	6	8	3	1	4	5	2	9
2	5	3	8	7	9	4	6	1
4	1	9	6	2	5	8	3	7
8	4	1	2	9	7	3	5	6
3	2	7	5	8	6	1	9	4
6	9	5	1	4	3	7	8	2
5	3	4	7	6	2	9	1	8
1	7	6	9	5	8	2	4	3
9	8	2	4	3	1	6	7	5

Puzzle 160

4	2	9	7	6	5	8	1	3
5	1	8	4	9	3	6	7	2
3	6	7	8	2	1	9	4	5
1	9	6	5	7	2	3	8	4
2	7	4	9	3	8	5	6	1
8	3	5	6	1	4	2	9	7
7	5	3	1	8	6	4	2	9
9	8	2	3	4	7	1	5	6
6	4	1	2	5	9	7	3	8

Puzzle 161

6	5	8	1	4	3	2	7	9
4	7	1	9	5	2	8	3	6
9	2	3	6	7	8	4	1	5
7	9	5	3	2	6	1	8	4
1	4	6	8	9	7	3	5	2
3	8	2	5	1	4	6	9	7
2	1	7	4	8	9	5	6	3
8	6	9	2	3	5	7	4	1
5	3	4	7	6	1	9	2	8

Puzzle 162

1	9	6	8	2	4	3	5	7
3	4	2	7	9	5	1	6	8
7	8	5	6	3	1	9	4	2
4	3	8	5	1	2	7	9	6
9	2	1	3	6	7	5	8	4
5	6	7	9	4	8	2	1	3
6	5	3	4	7	9	8	2	1
2	7	9	1	8	6	4	3	5
8	1	4	2	5	3	6	7	9

Puzzle 163

6	2	7	5	1	9	4	8	3
5	3	9	7	4	8	2	1	6
8	1	4	3	6	2	7	9	5
1	7	3	6	8	5	9	4	2
9	5	6	4	2	1	8	3	7
4	8	2	9	3	7	6	5	1
7	6	1	8	9	3	5	2	4
2	9	5	1	7	4	3	6	8
3	4	8	2	5	6	1	7	9

Puzzle 164

7	1	9	3	8	4	6	2	5
8	3	2	7	5	6	1	9	4
6	5	4	1	2	9	8	3	7
4	7	1	6	9	8	3	5	2
5	6	3	4	1	2	9	7	8
9	2	8	5	7	3	4	6	1
3	9	5	2	4	1	7	8	6
2	4	6	8	3	7	5	1	9
1	8	7	9	6	5	2	4	3

Puzzle 165

8	4	9	1	5	7	6	3	2
7	2	5	8	3	6	1	4	9
6	1	3	9	2	4	5	8	7
9	7	1	2	4	3	8	5	6
4	3	8	5	6	9	2	7	1
2	5	6	7	1	8	3	9	4
3	9	4	6	8	2	7	1	5
5	8	2	4	7	1	9	6	3
1	6	7	3	9	5	4	2	8

Puzzle 166

8	1	9	2	3	5	4	7	6
2	5	6	1	4	7	8	9	3
4	7	3	9	6	8	2	5	1
6	3	4	7	5	9	1	8	2
5	2	1	6	8	3	9	4	7
7	9	8	4	1	2	6	3	5
9	6	7	3	2	4	5	1	8
1	4	5	8	7	6	3	2	9
3	8	2	5	9	1	7	6	4

Puzzle 167

6	4	2	1	5	9	3	7	8
7	9	5	3	6	8	1	4	2
3	8	1	7	2	4	5	6	9
4	1	3	2	7	6	8	9	5
9	7	8	4	1	5	6	2	3
2	5	6	9	8	3	4	1	7
8	6	4	5	9	2	7	3	1
1	3	9	8	4	7	2	5	6
5	2	7	6	3	1	9	8	4

Puzzle 168

9	5	4	8	7	1	3	2	6
6	7	3	5	4	2	8	1	9
8	1	2	9	6	3	7	5	4
4	3	5	2	8	9	6	7	1
2	8	9	6	1	7	4	3	5
7	6	1	3	5	4	9	8	2
5	9	6	1	3	8	2	4	7
1	4	8	7	2	6	5	9	3
3	2	7	4	9	5	1	6	8

Puzzle 169

9	5	2	7	8	4	1	3	6
6	3	1	5	2	9	4	7	8
8	4	7	6	1	3	2	5	9
1	9	6	4	5	2	7	8	3
2	7	4	9	3	8	5	6	1
5	8	3	1	6	7	9	2	4
3	1	8	2	9	5	6	4	7
7	2	9	8	4	6	3	1	5
4	6	5	3	7	1	8	9	2

Puzzle 170

4	5	3	8	6	1	2	9	7
9	6	2	4	7	3	5	8	1
8	7	1	9	2	5	4	6	3
6	8	4	5	9	7	3	1	2
1	2	9	3	4	6	8	7	5
7	3	5	1	8	2	9	4	6
5	4	7	2	1	8	6	3	9
3	1	8	6	5	9	7	2	4
2	9	6	7	3	4	1	5	8

Puzzle 171

5	6	4	3	2	7	8	1	9
2	9	3	8	4	1	7	6	5
7	8	1	5	6	9	3	2	4
9	7	5	2	3	4	6	8	1
3	1	8	9	5	6	4	7	2
6	4	2	1	7	8	9	5	3
4	3	6	7	1	5	2	9	8
8	5	7	4	9	2	1	3	6
1	2	9	6	8	3	5	4	7

Puzzle 172

5	6	2	7	3	4	1	8	9
8	1	4	6	5	9	7	3	2
9	3	7	8	2	1	6	4	5
2	8	9	4	1	5	3	7	6
6	5	1	3	9	7	4	2	8
7	4	3	2	8	6	5	9	1
3	7	8	1	6	2	9	5	4
1	2	5	9	4	3	8	6	7
4	9	6	5	7	8	2	1	3

Puzzle 173

8	7	2	5	9	6	4	3	1
5	1	4	8	2	3	6	7	9
6	9	3	4	7	1	5	8	2
2	3	5	6	8	9	1	4	7
7	4	6	1	3	2	9	5	8
1	8	9	7	4	5	2	6	3
4	5	7	9	1	8	3	2	6
9	2	8	3	6	4	7	1	5
3	6	1	2	5	7	8	9	4

Puzzle 174

9	5	8	3	4	1	6	7	2
7	4	1	2	8	6	3	5	9
2	6	3	5	7	9	4	8	1
8	9	6	1	3	4	7	2	5
1	3	4	7	5	2	8	9	6
5	7	2	9	6	8	1	4	3
6	2	7	4	1	5	9	3	8
4	8	9	6	2	3	5	1	7
3	1	5	8	9	7	2	6	4

Puzzle 175

6	3	1	4	2	9	5	7	8
5	8	9	6	3	7	1	2	4
7	4	2	1	5	8	9	3	6
2	9	6	5	4	1	3	8	7
3	7	8	9	6	2	4	5	1
4	1	5	7	8	3	6	9	2
9	6	4	2	7	5	8	1	3
1	2	3	8	9	4	7	6	5
8	5	7	3	1	6	2	4	9

Puzzle 176

1	7	5	4	2	9	6	3	8
8	4	6	7	5	3	2	1	9
3	2	9	6	1	8	5	7	4
9	3	8	5	7	2	1	4	6
5	1	7	9	4	6	3	8	2
2	6	4	8	3	1	9	5	7
4	5	3	2	6	7	8	9	1
7	9	2	1	8	5	4	6	3
6	8	1	3	9	4	7	2	5

Puzzle 177

4	6	1	3	8	5	9	7	2
7	5	3	9	6	2	4	8	1
8	9	2	4	7	1	3	5	6
3	1	4	8	2	7	5	6	9
9	7	6	1	5	4	2	3	8
5	2	8	6	9	3	1	4	7
1	8	5	7	3	9	6	2	4
2	4	7	5	1	6	8	9	3
6	3	9	2	4	8	7	1	5

Puzzle 178

7	8	2	4	5	6	1	9	3
1	5	6	8	3	9	7	4	2
4	9	3	1	7	2	6	8	5
3	2	1	7	8	4	5	6	9
8	6	5	3	9	1	4	2	7
9	7	4	2	6	5	8	3	1
5	1	9	6	2	8	3	7	4
2	3	8	5	4	7	9	1	6
6	4	7	9	1	3	2	5	8

Puzzle 179

8	5	1	2	6	9	7	4	3
3	6	9	5	7	4	8	2	1
7	2	4	3	1	8	9	6	5
1	7	2	8	3	5	6	9	4
5	9	8	7	4	6	1	3	2
4	3	6	9	2	1	5	7	8
9	1	3	4	5	7	2	8	6
6	4	7	1	8	2	3	5	9
2	8	5	6	9	3	4	1	7

Puzzle 180

8	3	5	9	2	4	7	1	6
4	7	6	8	1	3	2	9	5
1	2	9	5	7	6	8	3	4
9	6	1	2	8	7	5	4	3
7	5	3	1	4	9	6	2	8
2	8	4	3	6	5	1	7	9
5	4	2	6	9	1	3	8	7
6	9	8	7	3	2	4	5	1
3	1	7	4	5	8	9	6	2

Puzzle 181

1	4	6	5	7	8	9	2	3
2	9	7	6	4	3	5	8	1
8	3	5	9	2	1	7	6	4
7	6	3	2	8	5	1	4	9
4	5	2	3	1	9	8	7	6
9	8	1	7	6	4	3	5	2
5	1	4	8	3	6	2	9	7
6	2	9	1	5	7	4	3	8
3	7	8	4	9	2	6	1	5

Puzzle 182

1	5	4	8	3	6	9	2	7
8	3	7	1	9	2	4	6	5
6	2	9	5	7	4	3	1	8
7	9	8	2	1	5	6	3	4
5	4	3	7	6	9	2	8	1
2	6	1	3	4	8	7	5	9
4	1	2	6	5	7	8	9	3
9	8	5	4	2	3	1	7	6
3	7	6	9	8	1	5	4	2

Puzzle 183

7	8	1	2	5	3	9	4	6
3	4	6	7	8	9	5	1	2
9	5	2	4	1	6	7	8	3
1	3	4	8	6	7	2	9	5
5	6	8	9	3	2	1	7	4
2	7	9	1	4	5	3	6	8
6	9	7	5	2	4	8	3	1
8	2	3	6	7	1	4	5	9
4	1	5	3	9	8	6	2	7

Puzzle 184

6	2	7	8	9	3	4	1	5
5	9	3	6	4	1	8	7	2
8	4	1	7	5	2	3	9	6
2	3	6	4	8	9	1	5	7
1	8	4	2	7	5	6	3	9
7	5	9	1	3	6	2	8	4
9	6	2	3	1	7	5	4	8
3	7	8	5	6	4	9	2	1
4	1	5	9	2	8	7	6	3

Puzzle 185

6	5	4	9	7	3	1	8	2
1	2	7	6	4	8	9	5	3
9	8	3	2	1	5	7	4	6
3	4	1	8	2	9	5	6	7
7	6	8	3	5	1	2	9	4
2	9	5	7	6	4	3	1	8
8	3	2	5	9	6	4	7	1
5	1	6	4	3	7	8	2	9
4	7	9	1	8	2	6	3	5

Puzzle 186

5	8	6	3	9	4	2	7	1
9	4	7	6	1	2	3	5	8
2	1	3	5	7	8	4	9	6
3	7	1	9	6	5	8	2	4
8	5	4	7	2	3	1	6	9
6	2	9	8	4	1	7	3	5
7	3	8	4	5	6	9	1	2
4	6	2	1	3	9	5	8	7
1	9	5	2	8	7	6	4	3

Puzzle 187

2	6	5	7	4	8	1	9	3
9	3	1	6	2	5	4	8	7
7	8	4	9	1	3	5	2	6
5	4	2	1	7	6	9	3	8
8	7	3	4	5	9	6	1	2
1	9	6	8	3	2	7	5	4
6	1	8	3	9	7	2	4	5
4	5	7	2	8	1	3	6	9
3	2	9	5	6	4	8	7	1

Puzzle 188

5	6	4	2	1	3	7	9	8
2	9	1	7	4	8	5	3	6
3	7	8	5	9	6	4	2	1
6	5	9	4	2	7	8	1	3
8	2	3	6	5	1	9	4	7
4	1	7	8	3	9	2	6	5
9	4	6	1	8	5	3	7	2
7	8	2	3	6	4	1	5	9
1	3	5	9	7	2	6	8	4

Puzzle 189

5	7	8	4	1	6	2	3	9
4	3	2	5	8	9	1	7	6
6	9	1	2	3	7	4	8	5
2	6	3	7	4	1	5	9	8
9	1	4	3	5	8	7	6	2
8	5	7	9	6	2	3	4	1
3	4	9	8	2	5	6	1	7
1	8	5	6	7	4	9	2	3
7	2	6	1	9	3	8	5	4

Puzzle 190

2	9	7	5	8	6	1	3	4
6	1	3	4	2	7	9	8	5
4	8	5	9	1	3	2	6	7
8	6	2	7	9	4	3	5	1
1	7	9	3	5	8	4	2	6
5	3	4	1	6	2	8	7	9
3	2	1	6	7	9	5	4	8
7	5	8	2	4	1	6	9	3
9	4	6	8	3	5	7	1	2

Puzzle 191

9	8	6	5	3	2	7	1	4
5	1	4	7	6	8	9	3	2
3	7	2	1	4	9	8	6	5
7	9	3	8	5	6	4	2	1
8	2	5	3	1	4	6	7	9
4	6	1	9	2	7	5	8	3
2	4	9	6	8	3	1	5	7
1	3	8	4	7	5	2	9	6
6	5	7	2	9	1	3	4	8

Puzzle 192

9	4	7	2	5	1	3	8	6
8	6	2	7	3	4	5	9	1
5	3	1	8	9	6	2	4	7
3	5	8	6	4	7	9	1	2
2	7	9	1	8	3	6	5	4
6	1	4	9	2	5	8	7	3
4	8	3	5	1	2	7	6	9
1	9	6	3	7	8	4	2	5
7	2	5	4	6	9	1	3	8

Puzzle 193

5	4	2	1	6	3	8	9	7
7	1	9	2	5	8	4	6	3
3	8	6	9	4	7	1	2	5
4	3	5	6	9	2	7	1	8
6	2	8	5	7	1	3	4	9
1	9	7	3	8	4	6	5	2
2	6	4	7	3	5	9	8	1
8	7	1	4	2	9	5	3	6
9	5	3	8	1	6	2	7	4

Puzzle 194

6	7	2	8	9	5	1	4	3
9	4	8	7	3	1	5	6	2
5	1	3	4	2	6	8	7	9
2	8	7	1	6	4	9	3	5
4	6	5	9	8	3	7	2	1
1	3	9	2	5	7	4	8	6
3	5	4	6	7	9	2	1	8
7	2	6	5	1	8	3	9	4
8	9	1	3	4	2	6	5	7

Puzzle 195

2	1	6	3	7	5	4	9	8
7	4	5	6	9	8	3	2	1
3	9	8	4	1	2	7	5	6
6	2	9	7	8	1	5	3	4
4	7	3	2	5	6	1	8	9
5	8	1	9	4	3	6	7	2
1	3	7	8	2	4	9	6	5
8	6	4	5	3	9	2	1	7
9	5	2	1	6	7	8	4	3

Puzzle 196

5	8	7	6	1	2	9	3	4
1	6	4	8	9	3	2	5	7
3	9	2	5	7	4	6	1	8
6	5	8	1	3	9	4	7	2
2	4	1	7	5	8	3	9	6
7	3	9	2	4	6	5	8	1
9	2	3	4	8	1	7	6	5
4	1	5	3	6	7	8	2	9
8	7	6	9	2	5	1	4	3

Puzzle 197

3	6	7	4	2	5	8	9	1
5	8	4	6	1	9	2	3	7
2	1	9	7	3	8	5	4	6
7	5	2	8	6	3	9	1	4
9	4	1	5	7	2	6	8	3
8	3	6	9	4	1	7	5	2
1	9	3	2	5	6	4	7	8
4	2	5	3	8	7	1	6	9
6	7	8	1	9	4	3	2	5

Puzzle 198

2	4	1	5	8	6	9	7	3
9	5	8	3	7	4	2	6	1
7	3	6	1	2	9	4	5	8
1	7	5	4	9	2	3	8	6
4	6	3	8	5	1	7	9	2
8	2	9	6	3	7	5	1	4
5	1	2	7	4	8	6	3	9
6	9	7	2	1	3	8	4	5
3	8	4	9	6	5	1	2	7

Puzzle 199

6	3	5	4	8	1	2	9	7
1	4	9	3	7	2	6	5	8
2	7	8	6	5	9	1	4	3
4	6	2	9	3	5	8	7	1
5	1	3	8	4	7	9	6	2
8	9	7	2	1	6	4	3	5
3	2	1	5	9	4	7	8	6
7	5	4	1	6	8	3	2	9
9	8	6	7	2	3	5	1	4

Puzzle 200

7	3	4	9	8	6	2	1	5
1	6	8	4	5	2	7	3	9
9	5	2	1	3	7	6	8	4
5	8	6	3	9	4	1	7	2
2	7	3	6	1	5	9	4	8
4	1	9	2	7	8	5	6	3
3	4	7	5	6	9	8	2	1
6	9	1	8	2	3	4	5	7
8	2	5	7	4	1	3	9	6

Puzzle 201

5	6	9	2	4	1	8	3	7
3	7	1	8	5	9	2	6	4
8	2	4	6	3	7	1	9	5
2	8	7	3	6	4	9	5	1
6	1	3	7	9	5	4	2	8
9	4	5	1	2	8	3	7	6
4	9	2	5	1	6	7	8	3
1	5	8	9	7	3	6	4	2
7	3	6	4	8	2	5	1	9

Puzzle 202

4	1	5	2	3	8	7	9	6
8	9	7	1	5	6	2	3	4
6	3	2	4	7	9	5	8	1
9	5	8	3	1	2	6	4	7
2	4	6	5	9	7	3	1	8
3	7	1	6	8	4	9	5	2
1	8	3	7	2	5	4	6	9
7	6	9	8	4	3	1	2	5
5	2	4	9	6	1	8	7	3

Puzzle 203

8	6	9	7	4	2	3	1	5
5	2	3	9	6	1	7	4	8
7	1	4	8	3	5	6	2	9
4	8	6	5	2	9	1	7	3
2	5	1	4	7	3	9	8	6
3	9	7	1	8	6	4	5	2
1	7	5	6	9	8	2	3	4
6	4	2	3	5	7	8	9	1
9	3	8	2	1	4	5	6	7

Puzzle 204

6	4	8	3	7	5	1	9	2
3	9	7	6	1	2	8	5	4
5	2	1	8	4	9	6	3	7
7	6	4	9	5	1	3	2	8
1	5	9	2	8	3	7	4	6
8	3	2	7	6	4	9	1	5
9	8	3	4	2	6	5	7	1
2	7	5	1	3	8	4	6	9
4	1	6	5	9	7	2	8	3

Puzzle 205

9	6	8	2	5	7	4	3	1
3	2	7	1	8	4	5	6	9
4	5	1	3	6	9	2	7	8
2	9	4	6	3	8	1	5	7
6	1	3	4	7	5	8	9	2
8	7	5	9	1	2	3	4	6
5	8	6	7	2	3	9	1	4
7	3	9	8	4	1	6	2	5
1	4	2	5	9	6	7	8	3

Puzzle 206

1	7	6	2	5	4	9	3	8
5	4	9	8	6	3	2	1	7
3	8	2	1	7	9	5	6	4
7	6	4	3	2	1	8	9	5
2	3	8	9	4	5	6	7	1
9	1	5	6	8	7	4	2	3
8	5	1	7	9	6	3	4	2
6	2	7	4	3	8	1	5	9
4	9	3	5	1	2	7	8	6

Puzzle 207

3	7	5	4	9	6	2	1	8
8	4	2	1	7	3	9	5	6
9	6	1	8	5	2	3	4	7
2	5	4	6	1	9	7	8	3
7	8	9	2	3	5	4	6	1
1	3	6	7	4	8	5	2	9
4	2	7	3	6	1	8	9	5
6	9	8	5	2	7	1	3	4
5	1	3	9	8	4	6	7	2

Puzzle 208

9	7	4	8	3	6	2	1	5
1	2	8	4	9	5	6	7	3
3	5	6	7	1	2	9	8	4
4	9	1	3	6	8	5	2	7
2	6	7	5	4	1	8	3	9
8	3	5	2	7	9	4	6	1
7	4	9	6	8	3	1	5	2
6	1	2	9	5	7	3	4	8
5	8	3	1	2	4	7	9	6

Puzzle 209

4	9	1	3	7	5	2	6	8
5	7	2	1	8	6	9	4	3
8	3	6	4	9	2	5	1	7
1	6	8	5	3	7	4	9	2
2	4	7	6	1	9	8	3	5
3	5	9	2	4	8	6	7	1
7	1	5	9	2	4	3	8	6
6	8	4	7	5	3	1	2	9
9	2	3	8	6	1	7	5	4

Puzzle 210

9	1	5	2	7	6	8	3	4
8	2	6	3	5	4	7	9	1
3	4	7	9	1	8	5	2	6
4	5	3	8	6	2	9	1	7
2	8	1	4	9	7	6	5	3
6	7	9	1	3	5	4	8	2
5	9	4	7	2	1	3	6	8
7	3	2	6	8	9	1	4	5
1	6	8	5	4	3	2	7	9

Puzzle 211

2	8	7	5	3	1	6	4	9
1	5	3	6	4	9	2	7	8
9	4	6	7	2	8	1	5	3
5	3	4	8	9	6	7	2	1
6	7	9	2	1	5	3	8	4
8	2	1	4	7	3	5	9	6
3	9	5	1	8	2	4	6	7
7	1	2	9	6	4	8	3	5
4	6	8	3	5	7	9	1	2

Puzzle 212

4	1	5	9	7	3	2	8	6
8	7	9	4	6	2	1	3	5
3	2	6	8	5	1	4	9	7
2	5	7	3	4	8	6	1	9
9	3	8	1	2	6	5	7	4
6	4	1	7	9	5	3	2	8
5	9	2	6	1	7	8	4	3
1	8	4	5	3	9	7	6	2
7	6	3	2	8	4	9	5	1

Puzzle 213

8	3	2	4	5	7	6	1	9
6	5	7	2	1	9	4	3	8
1	9	4	3	8	6	7	2	5
9	8	1	5	4	3	2	7	6
5	4	6	7	2	8	1	9	3
7	2	3	9	6	1	5	8	4
4	7	5	8	3	2	9	6	1
3	1	9	6	7	4	8	5	2
2	6	8	1	9	5	3	4	7

Puzzle 214

6	3	4	2	9	5	7	8	1
9	2	5	8	1	7	6	4	3
1	8	7	3	6	4	2	9	5
7	5	3	6	8	2	4	1	9
4	1	8	7	5	9	3	2	6
2	9	6	1	4	3	8	5	7
8	4	1	9	3	6	5	7	2
3	7	9	5	2	8	1	6	4
5	6	2	4	7	1	9	3	8

Puzzle 215

2	1	9	7	4	3	5	6	8
6	7	8	5	1	2	3	4	9
5	4	3	8	9	6	7	2	1
7	5	4	9	8	1	2	3	6
1	8	2	6	3	4	9	7	5
3	9	6	2	5	7	1	8	4
4	2	1	3	6	5	8	9	7
9	3	5	4	7	8	6	1	2
8	6	7	1	2	9	4	5	3

Puzzle 216

3	7	9	6	4	1	5	2	8
5	6	1	8	9	2	4	7	3
8	2	4	7	5	3	9	1	6
1	5	3	9	8	4	2	6	7
7	4	6	1	2	5	3	8	9
2	9	8	3	7	6	1	4	5
9	1	7	2	3	8	6	5	4
6	8	5	4	1	9	7	3	2
4	3	2	5	6	7	8	9	1

Puzzle 217

9	3	6	4	8	7	5	2	1
1	8	7	5	2	6	3	4	9
4	2	5	3	1	9	7	8	6
6	7	8	1	9	5	2	3	4
5	4	3	8	6	2	1	9	7
2	1	9	7	4	3	8	6	5
8	9	4	2	5	1	6	7	3
3	5	2	6	7	4	9	1	8
7	6	1	9	3	8	4	5	2

Puzzle 218

7	4	9	5	3	8	1	6	2
6	8	2	1	4	9	7	3	5
3	1	5	6	7	2	4	8	9
2	6	7	9	8	4	3	5	1
5	3	4	2	6	1	9	7	8
1	9	8	7	5	3	2	4	6
9	7	3	8	2	5	6	1	4
4	5	1	3	9	6	8	2	7
8	2	6	4	1	7	5	9	3

Puzzle 219

6	3	2	7	4	8	5	1	9
7	4	9	5	6	1	8	3	2
5	8	1	2	9	3	4	6	7
8	2	5	9	7	6	1	4	3
9	6	3	1	8	4	7	2	5
1	7	4	3	5	2	6	9	8
2	5	7	6	1	9	3	8	4
3	1	8	4	2	7	9	5	6
4	9	6	8	3	5	2	7	1

Puzzle 220

2	7	3	1	5	6	4	9	8
8	4	5	2	9	3	1	6	7
9	6	1	4	8	7	5	2	3
6	9	4	8	7	1	3	5	2
1	8	7	5	3	2	6	4	9
5	3	2	6	4	9	8	7	1
3	1	9	7	6	5	2	8	4
7	5	8	3	2	4	9	1	6
4	2	6	9	1	8	7	3	5

Puzzle 221

9	3	2	8	4	7	5	1	6
7	4	1	2	5	6	3	9	8
8	6	5	1	9	3	7	4	2
4	5	9	6	7	1	2	8	3
1	2	7	3	8	9	6	5	4
3	8	6	5	2	4	9	7	1
5	7	3	4	6	8	1	2	9
2	1	8	9	3	5	4	6	7
6	9	4	7	1	2	8	3	5

Puzzle 222

8	6	3	1	5	4	7	9	2
7	9	1	8	6	2	3	4	5
4	2	5	9	3	7	6	1	8
1	3	2	6	9	8	4	5	7
9	5	8	4	7	1	2	6	3
6	4	7	5	2	3	1	8	9
5	7	4	2	1	9	8	3	6
2	1	9	3	8	6	5	7	4
3	8	6	7	4	5	9	2	1

Puzzle 223

4	5	1	3	2	9	7	8	6
6	3	2	5	8	7	1	9	4
8	9	7	6	1	4	5	3	2
9	1	5	4	6	8	3	2	7
7	2	6	1	9	3	8	4	5
3	4	8	7	5	2	9	6	1
2	6	3	9	7	1	4	5	8
5	7	9	8	4	6	2	1	3
1	8	4	2	3	5	6	7	9

Puzzle 224

2	5	9	6	7	8	1	4	3
8	4	6	2	3	1	7	9	5
3	7	1	4	9	5	8	6	2
9	8	5	3	6	2	4	7	1
7	3	4	8	1	9	5	2	6
1	6	2	7	5	4	9	3	8
4	2	3	5	8	7	6	1	9
6	9	8	1	4	3	2	5	7
5	1	7	9	2	6	3	8	4

Puzzle 225

2	3	9	8	5	4	1	6	7
4	6	1	2	9	7	3	5	8
8	5	7	6	1	3	2	9	4
6	9	4	3	8	1	7	2	5
5	1	2	7	6	9	8	4	3
3	7	8	5	4	2	6	1	9
7	2	6	4	3	5	9	8	1
9	4	3	1	2	8	5	7	6
1	8	5	9	7	6	4	3	2

Puzzle 226

7	2	4	9	5	6	1	8	3
5	3	8	4	1	2	6	9	7
9	1	6	7	3	8	2	4	5
6	8	2	3	7	9	5	1	4
4	9	5	2	8	1	7	3	6
3	7	1	5	6	4	8	2	9
8	5	7	1	9	3	4	6	2
2	6	3	8	4	5	9	7	1
1	4	9	6	2	7	3	5	8

Puzzle 227

5	9	4	8	2	7	1	6	3
7	6	3	9	1	5	2	8	4
8	2	1	3	6	4	9	5	7
3	4	5	6	9	2	8	7	1
9	8	2	7	5	1	3	4	6
6	1	7	4	3	8	5	9	2
1	7	8	2	4	9	6	3	5
4	5	6	1	8	3	7	2	9
2	3	9	5	7	6	4	1	8

Puzzle 228

9	5	8	1	3	6	7	4	2
1	3	6	7	2	4	9	5	8
7	2	4	8	5	9	1	3	6
3	4	5	6	9	7	2	8	1
6	7	2	5	1	8	4	9	3
8	9	1	2	4	3	5	6	7
2	8	9	3	7	5	6	1	4
5	1	3	4	6	2	8	7	9
4	6	7	9	8	1	3	2	5

Puzzle 229

9	3	1	2	4	8	5	7	6
2	4	5	3	6	7	9	8	1
6	7	8	1	9	5	2	4	3
4	9	3	6	5	2	7	1	8
8	1	2	9	7	4	6	3	5
5	6	7	8	3	1	4	2	9
3	8	6	4	2	9	1	5	7
1	5	4	7	8	6	3	9	2
7	2	9	5	1	3	8	6	4

Puzzle 230

6	5	7	4	1	3	8	9	2
8	9	4	7	2	6	1	5	3
3	1	2	5	8	9	6	4	7
2	8	6	9	7	4	5	3	1
9	3	1	8	5	2	4	7	6
7	4	5	3	6	1	2	8	9
4	6	3	1	9	5	7	2	8
1	7	9	2	4	8	3	6	5
5	2	8	6	3	7	9	1	4

Puzzle 231

7	9	1	6	5	3	2	8	4
2	3	4	1	8	9	6	7	5
8	6	5	7	2	4	3	9	1
9	7	8	5	3	6	1	4	2
1	2	3	8	4	7	9	5	6
5	4	6	2	9	1	8	3	7
3	8	7	4	6	2	5	1	9
4	5	2	9	1	8	7	6	3
6	1	9	3	7	5	4	2	8

Puzzle 232

5	3	7	8	2	9	4	6	1
2	9	6	5	1	4	3	7	8
1	4	8	6	3	7	2	5	9
8	6	5	4	7	3	9	1	2
7	1	4	9	8	2	6	3	5
9	2	3	1	6	5	8	4	7
6	7	2	3	5	8	1	9	4
3	5	9	2	4	1	7	8	6
4	8	1	7	9	6	5	2	3

Puzzle 233

5	2	4	1	6	8	7	3	9
6	9	3	4	2	7	1	5	8
7	1	8	5	9	3	2	4	6
1	8	2	9	4	5	3	6	7
4	3	5	2	7	6	8	9	1
9	6	7	8	3	1	5	2	4
3	4	1	7	5	9	6	8	2
2	7	6	3	8	4	9	1	5
8	5	9	6	1	2	4	7	3

Puzzle 234

9	6	8	1	7	4	5	2	3
4	1	3	9	2	5	6	7	8
2	7	5	6	3	8	9	4	1
1	5	7	3	9	2	8	6	4
8	9	6	7	4	1	2	3	5
3	4	2	5	8	6	1	9	7
5	8	4	2	6	7	3	1	9
6	3	1	4	5	9	7	8	2
7	2	9	8	1	3	4	5	6

Puzzle 235

7	9	4	1	8	2	5	3	6
3	5	1	6	9	4	7	2	8
2	8	6	7	5	3	4	9	1
1	6	3	8	7	9	2	4	5
8	7	9	4	2	5	6	1	3
5	4	2	3	1	6	9	8	7
4	1	7	2	6	8	3	5	9
9	2	8	5	3	7	1	6	4
6	3	5	9	4	1	8	7	2

Puzzle 236

1	2	9	8	5	6	4	3	7
5	6	4	7	1	3	2	8	9
8	3	7	2	9	4	1	5	6
4	9	8	5	7	1	6	2	3
6	7	1	9	3	2	5	4	8
3	5	2	4	6	8	7	9	1
9	4	3	6	2	7	8	1	5
7	8	5	1	4	9	3	6	2
2	1	6	3	8	5	9	7	4

Puzzle 237

7	5	6	8	9	1	3	2	4
8	9	1	2	3	4	6	5	7
4	2	3	5	6	7	9	1	8
6	1	4	3	8	2	5	7	9
5	7	2	9	4	6	8	3	1
9	3	8	7	1	5	2	4	6
2	4	7	6	5	9	1	8	3
3	6	5	1	7	8	4	9	2
1	8	9	4	2	3	7	6	5

Puzzle 238

2	6	3	4	8	9	1	7	5
7	9	5	2	1	3	6	8	4
4	1	8	7	5	6	2	3	9
6	4	2	3	7	1	5	9	8
3	7	9	5	6	8	4	1	2
8	5	1	9	2	4	7	6	3
1	3	4	6	9	2	8	5	7
5	2	6	8	3	7	9	4	1
9	8	7	1	4	5	3	2	6

Puzzle 239

2	3	4	5	1	8	9	6	7
5	7	8	4	6	9	3	2	1
9	1	6	2	7	3	8	5	4
4	2	5	6	8	1	7	3	9
1	8	7	3	9	2	5	4	6
3	6	9	7	4	5	2	1	8
6	5	1	9	3	7	4	8	2
7	4	2	8	5	6	1	9	3
8	9	3	1	2	4	6	7	5

Puzzle 240

5	8	7	6	2	3	1	9	4
3	9	6	8	4	1	2	5	7
1	4	2	7	5	9	6	3	8
2	6	4	3	1	8	9	7	5
7	3	9	2	6	5	4	8	1
8	1	5	9	7	4	3	6	2
6	7	8	1	9	2	5	4	3
9	5	1	4	3	7	8	2	6
4	2	3	5	8	6	7	1	9

Puzzle 241

3	8	7	9	4	1	2	6	5
2	9	1	8	5	6	7	3	4
5	4	6	7	2	3	1	9	8
7	2	5	1	8	9	6	4	3
6	3	9	5	7	4	8	2	1
8	1	4	3	6	2	5	7	9
4	5	8	2	9	7	3	1	6
1	6	2	4	3	8	9	5	7
9	7	3	6	1	5	4	8	2

Puzzle 242

4	8	6	5	1	7	3	2	9
7	2	5	3	6	9	1	8	4
3	9	1	4	2	8	7	6	5
2	4	9	6	5	3	8	1	7
1	6	7	9	8	2	5	4	3
8	5	3	7	4	1	2	9	6
6	3	2	8	9	5	4	7	1
9	7	8	1	3	4	6	5	2
5	1	4	2	7	6	9	3	8

Puzzle 243

8	5	4	3	9	1	7	2	6
6	2	1	4	7	8	3	9	5
7	3	9	6	2	5	4	1	8
1	6	2	5	8	3	9	7	4
3	4	7	2	6	9	8	5	1
5	9	8	1	4	7	2	6	3
2	7	6	8	5	4	1	3	9
4	1	5	9	3	2	6	8	7
9	8	3	7	1	6	5	4	2

Puzzle 244

2	5	1	9	6	4	8	7	3
9	3	4	8	1	7	2	5	6
6	7	8	3	5	2	4	1	9
7	8	3	4	9	5	6	2	1
1	6	5	7	2	3	9	8	4
4	9	2	6	8	1	7	3	5
8	2	9	1	3	6	5	4	7
5	1	7	2	4	9	3	6	8
3	4	6	5	7	8	1	9	2

Puzzle 245

5	8	3	7	4	2	1	9	6
2	7	4	9	6	1	3	8	5
6	9	1	3	8	5	2	7	4
8	3	5	6	7	4	9	1	2
4	2	9	1	3	8	5	6	7
1	6	7	5	2	9	4	3	8
9	5	2	8	1	6	7	4	3
7	1	6	4	5	3	8	2	9
3	4	8	2	9	7	6	5	1

Puzzle 246

8	6	2	4	3	5	9	7	1
5	4	7	2	1	9	6	8	3
1	3	9	8	6	7	2	4	5
4	7	6	9	2	1	3	5	8
9	1	3	7	5	8	4	2	6
2	8	5	6	4	3	1	9	7
7	9	4	1	8	6	5	3	2
6	5	8	3	9	2	7	1	4
3	2	1	5	7	4	8	6	9

Puzzle 247

8	7	4	9	5	3	2	1	6
3	5	2	7	6	1	4	9	8
6	9	1	2	4	8	3	7	5
2	4	8	6	9	7	1	5	3
9	1	7	3	8	5	6	4	2
5	3	6	4	1	2	7	8	9
1	2	3	5	7	9	8	6	4
4	8	9	1	3	6	5	2	7
7	6	5	8	2	4	9	3	1

Puzzle 248

5	2	3	9	4	8	1	7	6
1	4	6	2	3	7	5	8	9
8	9	7	6	1	5	2	3	4
6	8	9	5	2	3	7	4	1
7	3	5	1	9	4	6	2	8
2	1	4	8	7	6	3	9	5
3	6	2	4	8	1	9	5	7
9	5	8	7	6	2	4	1	3
4	7	1	3	5	9	8	6	2

Puzzle 249

4	6	3	8	7	1	9	5	2
5	1	7	4	9	2	3	6	8
9	8	2	6	5	3	4	7	1
1	5	8	9	6	7	2	4	3
6	2	4	3	1	8	7	9	5
3	7	9	5	2	4	1	8	6
7	3	5	1	8	9	6	2	4
8	9	1	2	4	6	5	3	7
2	4	6	7	3	5	8	1	9

Puzzle 250

3	7	9	8	1	4	6	2	5
8	6	2	9	3	5	1	7	4
5	1	4	6	7	2	9	8	3
6	9	5	2	4	7	8	3	1
7	4	1	5	8	3	2	6	9
2	8	3	1	9	6	4	5	7
1	3	7	4	2	8	5	9	6
9	5	8	7	6	1	3	4	2
4	2	6	3	5	9	7	1	8

Puzzle 251

9	7	1	6	4	5	8	2	3
6	2	4	8	1	3	5	9	7
3	8	5	9	2	7	6	1	4
4	3	8	7	6	9	1	5	2
7	9	6	1	5	2	4	3	8
5	1	2	3	8	4	9	7	6
2	4	9	5	7	6	3	8	1
8	6	3	2	9	1	7	4	5
1	5	7	4	3	8	2	6	9

Puzzle 252

3	1	5	7	4	2	8	9	6
8	2	6	5	3	9	7	4	1
7	9	4	8	6	1	3	5	2
4	6	1	2	8	3	5	7	9
2	8	9	6	5	7	4	1	3
5	7	3	1	9	4	2	6	8
9	4	7	3	1	8	6	2	5
1	5	8	4	2	6	9	3	7
6	3	2	9	7	5	1	8	4

Puzzle 253

1	7	4	2	9	3	6	8	5
8	9	5	4	7	6	1	2	3
3	2	6	5	1	8	7	9	4
5	6	3	8	4	9	2	7	1
9	1	2	3	6	7	5	4	8
7	4	8	1	2	5	3	6	9
4	8	7	6	5	1	9	3	2
6	3	1	9	8	2	4	5	7
2	5	9	7	3	4	8	1	6

Puzzle 254

1	5	8	6	3	4	7	9	2
3	7	6	5	9	2	1	4	8
9	2	4	8	7	1	5	3	6
6	3	5	2	1	8	9	7	4
2	9	1	4	6	7	8	5	3
8	4	7	3	5	9	2	6	1
5	6	9	1	8	3	4	2	7
4	8	3	7	2	5	6	1	9
7	1	2	9	4	6	3	8	5

Puzzle 255

8	6	4	9	1	5	2	3	7
2	9	7	3	8	4	6	1	5
3	1	5	7	6	2	8	4	9
9	3	1	4	7	8	5	6	2
5	2	8	6	3	1	7	9	4
7	4	6	2	5	9	3	8	1
1	8	3	5	4	7	9	2	6
6	5	2	1	9	3	4	7	8
4	7	9	8	2	6	1	5	3

Puzzle 256

8	7	2	9	6	4	3	1	5
5	4	9	3	8	1	2	6	7
6	1	3	7	2	5	4	9	8
2	3	1	6	5	7	8	4	9
7	9	8	1	4	3	6	5	2
4	6	5	2	9	8	1	7	3
1	2	7	4	3	9	5	8	6
9	8	6	5	1	2	7	3	4
3	5	4	8	7	6	9	2	1

Puzzle 257

2	9	7	8	3	1	4	5	6
8	6	3	2	4	5	1	7	9
1	4	5	6	7	9	2	3	8
9	7	1	5	6	3	8	4	2
6	8	2	4	1	7	3	9	5
5	3	4	9	8	2	6	1	7
3	2	8	7	5	4	9	6	1
4	5	6	1	9	8	7	2	3
7	1	9	3	2	6	5	8	4

Puzzle 258

1	4	7	3	2	6	5	9	8
3	5	2	7	8	9	1	4	6
6	9	8	5	4	1	3	2	7
7	8	1	6	9	2	4	3	5
4	3	6	1	5	7	2	8	9
9	2	5	4	3	8	6	7	1
2	1	9	8	6	3	7	5	4
8	6	4	2	7	5	9	1	3
5	7	3	9	1	4	8	6	2

Puzzle 259

7	8	4	2	9	3	1	5	6
2	3	1	5	7	6	8	9	4
9	6	5	1	8	4	7	2	3
8	4	2	7	5	1	3	6	9
5	9	7	3	6	8	4	1	2
3	1	6	9	4	2	5	8	7
4	5	9	6	1	7	2	3	8
6	2	8	4	3	5	9	7	1
1	7	3	8	2	9	6	4	5

Puzzle 260

6	4	3	2	9	8	5	1	7
8	7	1	6	4	5	3	2	9
2	9	5	1	7	3	8	6	4
9	2	7	5	3	6	4	8	1
4	3	8	9	1	2	6	7	5
1	5	6	7	8	4	2	9	3
7	6	4	3	2	9	1	5	8
3	1	2	8	5	7	9	4	6
5	8	9	4	6	1	7	3	2

Puzzle 261

9	1	5	8	7	4	2	3	6
4	7	2	9	6	3	5	8	1
3	8	6	5	1	2	7	9	4
8	3	9	4	2	5	1	6	7
5	6	4	7	8	1	3	2	9
7	2	1	3	9	6	8	4	5
6	4	8	1	3	7	9	5	2
2	9	7	6	5	8	4	1	3
1	5	3	2	4	9	6	7	8

Puzzle 262

9	1	8	6	7	3	5	2	4
3	4	5	2	1	9	6	8	7
6	2	7	8	4	5	1	3	9
2	6	4	1	8	7	3	9	5
5	9	1	3	2	6	4	7	8
8	7	3	5	9	4	2	6	1
4	8	6	9	5	2	7	1	3
1	5	2	7	3	8	9	4	6
7	3	9	4	6	1	8	5	2

Puzzle 263

7	9	3	2	8	4	5	6	1
5	4	1	7	6	9	3	2	8
8	6	2	1	5	3	7	9	4
2	7	4	3	1	8	9	5	6
6	5	8	4	9	7	2	1	3
3	1	9	6	2	5	8	4	7
9	8	7	5	4	6	1	3	2
4	2	5	8	3	1	6	7	9
1	3	6	9	7	2	4	8	5

Puzzle 264

6	5	7	8	1	2	3	4	9
8	2	3	6	9	4	5	7	1
4	9	1	5	3	7	8	6	2
5	8	9	1	7	3	6	2	4
3	1	4	9	2	6	7	5	8
7	6	2	4	5	8	9	1	3
2	7	5	3	4	9	1	8	6
9	4	8	7	6	1	2	3	5
1	3	6	2	8	5	4	9	7

Puzzle 265

4	7	3	1	9	8	5	6	2
2	5	9	3	7	6	8	4	1
6	8	1	2	4	5	3	9	7
3	1	7	9	5	2	4	8	6
9	6	4	7	8	3	2	1	5
8	2	5	4	6	1	9	7	3
7	3	2	8	1	9	6	5	4
5	4	8	6	2	7	1	3	9
1	9	6	5	3	4	7	2	8

Puzzle 266

5	3	9	4	7	8	1	6	2
1	4	2	6	5	9	3	8	7
7	8	6	1	2	3	4	9	5
9	1	4	8	3	5	2	7	6
3	5	8	2	6	7	9	1	4
6	2	7	9	4	1	5	3	8
8	6	1	5	9	4	7	2	3
4	9	3	7	8	2	6	5	1
2	7	5	3	1	6	8	4	9

Puzzle 267

4	7	1	8	3	2	9	6	5
3	2	5	1	9	6	8	7	4
9	8	6	7	4	5	1	3	2
8	1	2	5	7	3	4	9	6
7	9	4	6	8	1	5	2	3
5	6	3	9	2	4	7	8	1
1	3	9	4	6	7	2	5	8
6	4	8	2	5	9	3	1	7
2	5	7	3	1	8	6	4	9

Puzzle 268

2	9	7	1	5	4	8	6	3
4	1	5	6	3	8	7	9	2
6	8	3	9	2	7	5	1	4
3	6	1	7	9	2	4	8	5
9	4	2	5	8	6	3	7	1
7	5	8	3	4	1	9	2	6
1	7	4	8	6	3	2	5	9
5	3	6	2	7	9	1	4	8
8	2	9	4	1	5	6	3	7

Puzzle 269

5	4	9	7	8	6	2	3	1
2	8	1	4	3	9	6	7	5
7	6	3	2	5	1	8	9	4
4	1	8	9	6	5	7	2	3
9	3	2	1	4	7	5	6	8
6	7	5	3	2	8	1	4	9
1	5	7	6	9	4	3	8	2
8	2	4	5	7	3	9	1	6
3	9	6	8	1	2	4	5	7

Puzzle 270

8	4	9	6	2	5	7	3	1
3	6	7	8	9	1	4	5	2
5	1	2	7	4	3	6	8	9
6	2	1	5	8	4	9	7	3
9	8	5	3	6	7	1	2	4
7	3	4	9	1	2	8	6	5
2	7	8	4	3	9	5	1	6
4	5	3	1	7	6	2	9	8
1	9	6	2	5	8	3	4	7

Puzzle 271

4	6	5	9	1	7	8	3	2
2	3	9	4	5	8	1	7	6
1	8	7	3	2	6	9	4	5
7	9	8	2	6	1	4	5	3
5	4	1	8	7	3	6	2	9
3	2	6	5	9	4	7	8	1
8	5	2	6	4	9	3	1	7
6	1	3	7	8	5	2	9	4
9	7	4	1	3	2	5	6	8

Puzzle 272

5	6	7	3	4	9	1	8	2
8	4	3	1	2	6	7	5	9
9	1	2	8	7	5	6	4	3
4	9	8	2	3	7	5	1	6
6	2	5	4	9	1	3	7	8
3	7	1	5	6	8	2	9	4
2	8	9	7	1	3	4	6	5
1	3	6	9	5	4	8	2	7
7	5	4	6	8	2	9	3	1

Puzzle 273

8	9	1	5	2	3	7	6	4
5	4	2	9	6	7	1	8	3
3	6	7	8	1	4	2	5	9
6	3	5	2	8	1	9	4	7
7	1	8	6	4	9	5	3	2
4	2	9	7	3	5	8	1	6
9	5	3	4	7	8	6	2	1
2	7	4	1	5	6	3	9	8
1	8	6	3	9	2	4	7	5

Puzzle 274

7	5	8	4	6	1	2	9	3
3	4	2	7	9	5	1	6	8
6	1	9	2	3	8	5	7	4
8	2	1	3	5	9	7	4	6
5	9	3	6	7	4	8	1	2
4	7	6	1	8	2	9	3	5
2	6	5	9	1	3	4	8	7
9	8	7	5	4	6	3	2	1
1	3	4	8	2	7	6	5	9

Puzzle 275

3	9	2	8	6	7	1	5	4
4	1	7	3	9	5	6	8	2
8	5	6	1	4	2	7	9	3
7	3	4	9	1	8	2	6	5
5	2	1	7	3	6	9	4	8
9	6	8	5	2	4	3	1	7
6	4	3	2	8	1	5	7	9
1	7	9	4	5	3	8	2	6
2	8	5	6	7	9	4	3	1

Puzzle 276

9	3	4	7	8	6	5	1	2
5	1	7	2	4	3	6	9	8
2	8	6	1	9	5	3	7	4
6	4	1	9	7	8	2	5	3
3	7	2	4	5	1	9	8	6
8	9	5	6	3	2	1	4	7
7	2	9	5	6	4	8	3	1
4	6	3	8	1	9	7	2	5
1	5	8	3	2	7	4	6	9

Puzzle 277

1	8	9	4	2	5	6	7	3
6	7	2	8	1	3	5	9	4
3	4	5	9	6	7	1	8	2
9	3	6	2	5	4	7	1	8
8	1	4	3	7	9	2	6	5
5	2	7	1	8	6	4	3	9
4	6	3	5	9	1	8	2	7
7	9	8	6	4	2	3	5	1
2	5	1	7	3	8	9	4	6

Puzzle 278

8	4	1	6	9	5	3	2	7
2	6	9	7	8	3	1	4	5
3	7	5	2	1	4	6	8	9
9	1	3	4	6	8	7	5	2
5	2	6	3	7	9	4	1	8
7	8	4	5	2	1	9	6	3
6	3	8	9	4	2	5	7	1
1	9	7	8	5	6	2	3	4
4	5	2	1	3	7	8	9	6

Puzzle 279

5	6	8	4	3	9	2	1	7
2	9	1	8	5	7	6	3	4
3	4	7	6	2	1	5	9	8
6	8	5	7	9	2	1	4	3
4	1	3	5	8	6	7	2	9
7	2	9	3	1	4	8	5	6
9	3	2	1	6	8	4	7	5
8	5	4	2	7	3	9	6	1
1	7	6	9	4	5	3	8	2

Puzzle 280

5	9	3	2	1	8	4	6	7
7	1	8	4	9	6	3	5	2
2	4	6	5	7	3	1	8	9
3	6	1	7	5	2	8	9	4
8	7	5	6	4	9	2	1	3
4	2	9	3	8	1	6	7	5
1	5	7	8	2	4	9	3	6
6	8	4	9	3	7	5	2	1
9	3	2	1	6	5	7	4	8

Puzzle 281

1	2	8	7	3	6	5	4	9
9	4	3	2	8	5	1	6	7
7	5	6	4	9	1	3	2	8
2	6	9	5	1	8	7	3	4
5	3	4	9	7	2	6	8	1
8	7	1	6	4	3	9	5	2
4	1	2	3	5	9	8	7	6
6	9	5	8	2	7	4	1	3
3	8	7	1	6	4	2	9	5

Puzzle 282

8	4	9	1	7	5	3	6	2
6	7	1	9	2	3	4	5	8
2	5	3	4	6	8	9	1	7
7	3	4	6	5	1	8	2	9
9	6	5	8	3	2	1	7	4
1	2	8	7	4	9	5	3	6
4	8	2	3	1	6	7	9	5
5	1	7	2	9	4	6	8	3
3	9	6	5	8	7	2	4	1

Puzzle 283

1	2	3	7	5	8	6	9	4
7	9	4	2	6	1	8	3	5
5	8	6	9	3	4	2	1	7
9	1	5	4	8	2	3	7	6
6	4	7	5	9	3	1	8	2
8	3	2	6	1	7	4	5	9
3	6	9	8	4	5	7	2	1
4	7	8	1	2	9	5	6	3
2	5	1	3	7	6	9	4	8

Puzzle 284

4	3	5	7	2	6	8	9	1
6	2	7	8	1	9	5	3	4
1	8	9	5	4	3	6	7	2
7	1	4	3	5	2	9	6	8
8	6	2	4	9	7	1	5	3
9	5	3	1	6	8	2	4	7
2	9	1	6	7	4	3	8	5
3	7	6	2	8	5	4	1	9
5	4	8	9	3	1	7	2	6

Puzzle 285

4	1	8	2	7	6	3	9	5
5	7	6	8	3	9	4	2	1
2	3	9	5	1	4	8	6	7
8	4	2	6	5	7	1	3	9
7	9	3	1	8	2	6	5	4
1	6	5	9	4	3	7	8	2
9	5	7	3	6	1	2	4	8
6	8	1	4	2	5	9	7	3
3	2	4	7	9	8	5	1	6

Puzzle 286

6	7	3	1	5	4	8	9	2
9	2	5	7	8	6	4	1	3
4	8	1	9	3	2	7	5	6
1	3	8	5	7	9	2	6	4
7	5	4	6	2	1	3	8	9
2	9	6	3	4	8	1	7	5
3	6	7	4	1	5	9	2	8
5	4	2	8	9	7	6	3	1
8	1	9	2	6	3	5	4	7

Puzzle 287

6	4	9	7	1	8	5	3	2
8	5	7	2	9	3	1	4	6
3	1	2	4	5	6	7	9	8
2	6	4	9	3	1	8	5	7
7	3	8	6	4	5	9	2	1
5	9	1	8	7	2	3	6	4
9	8	6	5	2	7	4	1	3
4	7	3	1	6	9	2	8	5
1	2	5	3	8	4	6	7	9

Puzzle 288

6	3	2	8	1	4	7	9	5
5	1	4	9	7	2	3	6	8
8	7	9	6	3	5	2	1	4
7	9	3	4	2	6	5	8	1
2	5	6	3	8	1	4	7	9
1	4	8	5	9	7	6	2	3
9	6	7	1	4	3	8	5	2
4	2	1	7	5	8	9	3	6
3	8	5	2	6	9	1	4	7

Puzzle 289

2	3	6	7	4	5	1	9	8
5	4	1	6	8	9	3	7	2
7	9	8	3	2	1	6	5	4
1	2	4	5	9	6	8	3	7
3	6	5	4	7	8	2	1	9
9	8	7	2	1	3	5	4	6
8	5	3	9	6	7	4	2	1
6	7	2	1	3	4	9	8	5
4	1	9	8	5	2	7	6	3

Puzzle 290

9	5	8	2	3	1	7	4	6
2	7	1	5	6	4	9	8	3
6	3	4	8	7	9	2	1	5
3	1	6	7	2	5	4	9	8
5	9	2	1	4	8	3	6	7
8	4	7	6	9	3	5	2	1
7	6	3	9	1	2	8	5	4
1	2	5	4	8	7	6	3	9
4	8	9	3	5	6	1	7	2

Puzzle 291

6	2	5	4	7	8	9	3	1
9	4	3	2	5	1	7	6	8
1	8	7	3	6	9	4	2	5
2	9	1	6	8	3	5	4	7
7	3	6	5	9	4	1	8	2
4	5	8	7	1	2	3	9	6
8	7	9	1	3	6	2	5	4
5	6	4	9	2	7	8	1	3
3	1	2	8	4	5	6	7	9

Puzzle 292

4	6	9	3	7	5	1	8	2
3	2	1	4	8	6	5	9	7
5	8	7	2	1	9	4	3	6
6	9	2	5	3	8	7	1	4
7	5	8	1	2	4	3	6	9
1	3	4	6	9	7	8	2	5
8	4	5	9	6	3	2	7	1
9	1	3	7	5	2	6	4	8
2	7	6	8	4	1	9	5	3

Puzzle 293

2	7	4	1	6	3	8	9	5
1	8	6	9	2	5	7	4	3
3	9	5	7	8	4	2	1	6
7	6	3	2	1	9	5	8	4
4	1	8	6	5	7	9	3	2
9	5	2	4	3	8	6	7	1
5	2	7	8	4	1	3	6	9
8	3	1	5	9	6	4	2	7
6	4	9	3	7	2	1	5	8

Puzzle 294

7	2	4	1	8	3	5	6	9
6	8	9	7	4	5	2	1	3
3	5	1	6	9	2	4	7	8
4	9	5	8	6	1	3	2	7
1	6	3	5	2	7	8	9	4
2	7	8	9	3	4	6	5	1
5	1	2	3	7	8	9	4	6
8	4	6	2	1	9	7	3	5
9	3	7	4	5	6	1	8	2

Puzzle 295

4	9	8	6	1	2	5	7	3
3	5	1	4	8	7	9	6	2
6	2	7	5	3	9	1	4	8
5	4	2	9	6	8	3	1	7
8	3	9	1	7	5	4	2	6
1	7	6	3	2	4	8	9	5
2	1	3	8	4	6	7	5	9
9	6	4	7	5	3	2	8	1
7	8	5	2	9	1	6	3	4

Puzzle 296

5	3	1	8	2	9	7	6	4
2	8	4	7	5	6	3	9	1
9	7	6	1	3	4	8	2	5
4	9	3	5	1	7	2	8	6
8	1	2	9	6	3	5	4	7
6	5	7	4	8	2	9	1	3
3	6	9	2	7	1	4	5	8
1	4	5	3	9	8	6	7	2
7	2	8	6	4	5	1	3	9

Puzzle 297

7	8	1	5	9	4	6	2	3
9	3	5	7	6	2	4	8	1
4	6	2	3	8	1	7	5	9
5	1	8	4	2	3	9	7	6
3	2	9	1	7	6	8	4	5
6	4	7	9	5	8	1	3	2
2	9	6	8	4	5	3	1	7
1	7	4	2	3	9	5	6	8
8	5	3	6	1	7	2	9	4

Puzzle 298

7	4	8	9	2	5	3	6	1
1	6	5	7	4	3	2	8	9
9	3	2	1	6	8	5	4	7
5	8	6	2	9	7	4	1	3
3	7	9	4	5	1	6	2	8
2	1	4	3	8	6	9	7	5
6	9	7	5	1	4	8	3	2
4	2	3	8	7	9	1	5	6
8	5	1	6	3	2	7	9	4

Puzzle 299

8	5	6	3	1	4	2	9	7
9	2	7	6	5	8	1	4	3
4	1	3	7	9	2	8	5	6
1	4	8	2	6	9	3	7	5
6	9	2	5	7	3	4	8	1
3	7	5	4	8	1	6	2	9
5	8	9	1	2	6	7	3	4
2	6	4	9	3	7	5	1	8
7	3	1	8	4	5	9	6	2

Puzzle 300

6	5	7	8	9	1	4	2	3
1	4	2	7	5	3	6	9	8
8	3	9	6	2	4	7	1	5
3	7	5	9	1	6	2	8	4
2	6	1	5	4	8	3	7	9
9	8	4	3	7	2	1	5	6
4	1	8	2	6	5	9	3	7
7	2	3	4	8	9	5	6	1
5	9	6	1	3	7	8	4	2

Puzzle 301

2	5	1	3	7	8	9	4	6
9	3	4	6	1	5	7	2	8
8	6	7	4	2	9	5	1	3
5	2	3	8	4	1	6	9	7
4	8	9	7	3	6	2	5	1
1	7	6	9	5	2	3	8	4
6	9	5	1	8	3	4	7	2
3	4	8	2	9	7	1	6	5
7	1	2	5	6	4	8	3	9

Puzzle 302

9	3	2	4	8	5	7	6	1
8	1	6	2	3	7	4	9	5
5	4	7	1	6	9	8	2	3
4	2	5	7	9	1	3	8	6
6	9	1	8	2	3	5	4	7
7	8	3	6	5	4	2	1	9
2	5	8	3	1	6	9	7	4
1	7	9	5	4	8	6	3	2
3	6	4	9	7	2	1	5	8

Puzzle 303

6	2	4	1	5	9	7	3	8
7	3	1	6	4	8	9	5	2
8	9	5	7	2	3	1	4	6
5	4	9	2	6	1	8	7	3
2	8	3	5	9	7	6	1	4
1	7	6	8	3	4	5	2	9
9	1	7	4	8	2	3	6	5
3	6	2	9	7	5	4	8	1
4	5	8	3	1	6	2	9	7

Puzzle 304

8	7	1	6	5	9	4	3	2
9	3	4	2	7	1	6	5	8
2	5	6	4	3	8	9	1	7
7	6	8	9	2	5	1	4	3
4	1	2	3	8	6	7	9	5
3	9	5	7	1	4	8	2	6
5	2	9	1	6	7	3	8	4
6	4	3	8	9	2	5	7	1
1	8	7	5	4	3	2	6	9

Puzzle 305

7	4	5	2	6	1	3	8	9
6	9	2	5	3	8	4	1	7
8	1	3	9	7	4	2	6	5
3	7	9	8	1	5	6	4	2
5	8	1	4	2	6	9	7	3
2	6	4	3	9	7	8	5	1
4	3	7	1	8	9	5	2	6
9	5	6	7	4	2	1	3	8
1	2	8	6	5	3	7	9	4

Puzzle 306

9	2	3	6	4	1	5	8	7
8	5	1	9	3	7	6	2	4
4	7	6	2	8	5	1	3	9
3	8	2	7	6	9	4	1	5
1	9	5	3	2	4	8	7	6
6	4	7	5	1	8	2	9	3
7	6	4	8	9	2	3	5	1
2	3	9	1	5	6	7	4	8
5	1	8	4	7	3	9	6	2

Puzzle 307

3	9	2	8	5	4	7	1	6
8	4	7	6	9	1	2	3	5
1	6	5	3	7	2	4	8	9
9	3	6	1	8	7	5	4	2
7	1	4	2	3	5	9	6	8
2	5	8	4	6	9	3	7	1
5	7	1	9	4	8	6	2	3
6	8	9	7	2	3	1	5	4
4	2	3	5	1	6	8	9	7

Puzzle 308

2	8	5	4	9	7	1	6	3
1	4	7	5	3	6	8	9	2
9	6	3	8	1	2	4	5	7
5	3	2	1	7	8	6	4	9
4	1	6	9	2	5	7	3	8
7	9	8	6	4	3	2	1	5
6	2	9	3	8	4	5	7	1
3	7	4	2	5	1	9	8	6
8	5	1	7	6	9	3	2	4

Puzzle 309

3	5	2	7	6	4	8	1	9
9	1	6	5	8	2	7	4	3
4	7	8	1	3	9	5	2	6
1	4	5	8	7	6	9	3	2
2	6	7	4	9	3	1	8	5
8	9	3	2	5	1	4	6	7
6	8	1	9	2	7	3	5	4
5	3	9	6	4	8	2	7	1
7	2	4	3	1	5	6	9	8

Puzzle 310

6	2	7	9	4	1	8	5	3
8	3	1	7	5	6	2	4	9
4	5	9	2	3	8	1	6	7
7	1	3	6	9	4	5	8	2
2	6	4	3	8	5	7	9	1
9	8	5	1	7	2	4	3	6
1	9	8	4	2	3	6	7	5
5	7	2	8	6	9	3	1	4
3	4	6	5	1	7	9	2	8

Puzzle 311

4	2	8	7	1	9	6	5	3
6	3	5	8	4	2	9	7	1
7	9	1	6	3	5	2	4	8
5	6	3	1	8	4	7	9	2
1	4	9	2	6	7	3	8	5
2	8	7	9	5	3	1	6	4
9	7	4	5	2	1	8	3	6
8	5	2	3	7	6	4	1	9
3	1	6	4	9	8	5	2	7

Puzzle 312

8	6	3	5	1	9	7	2	4
2	5	4	8	3	7	9	1	6
9	1	7	6	2	4	5	8	3
1	9	8	2	6	3	4	5	7
3	2	5	4	7	8	6	9	1
4	7	6	1	9	5	2	3	8
7	3	2	9	8	6	1	4	5
6	4	9	3	5	1	8	7	2
5	8	1	7	4	2	3	6	9

Puzzle 313

3	4	7	1	5	2	9	6	8
6	1	2	4	9	8	5	7	3
5	9	8	6	3	7	2	4	1
1	7	6	3	8	9	4	5	2
9	5	3	2	4	6	1	8	7
2	8	4	5	7	1	3	9	6
7	3	1	9	6	4	8	2	5
8	2	9	7	1	5	6	3	4
4	6	5	8	2	3	7	1	9

Puzzle 314

1	3	2	4	7	9	5	8	6
5	7	4	6	3	8	2	9	1
6	8	9	1	5	2	4	7	3
7	9	3	5	8	6	1	2	4
2	1	6	3	4	7	8	5	9
8	4	5	9	2	1	3	6	7
4	6	8	7	1	5	9	3	2
3	2	7	8	9	4	6	1	5
9	5	1	2	6	3	7	4	8

Puzzle 315

8	2	9	4	7	3	6	5	1
4	6	1	5	8	9	2	7	3
7	3	5	6	1	2	8	4	9
6	7	4	3	9	8	1	2	5
2	5	3	7	6	1	9	8	4
9	1	8	2	4	5	7	3	6
1	9	7	8	3	4	5	6	2
3	8	2	9	5	6	4	1	7
5	4	6	1	2	7	3	9	8

Puzzle 316

1	8	2	9	4	3	5	7	6
3	6	4	2	7	5	8	9	1
7	9	5	6	8	1	3	4	2
4	1	7	8	6	2	9	3	5
9	5	6	7	3	4	2	1	8
8	2	3	5	1	9	4	6	7
2	4	1	3	5	6	7	8	9
6	7	9	4	2	8	1	5	3
5	3	8	1	9	7	6	2	4

Puzzle 317

5	7	3	8	1	2	6	4	9
4	9	1	6	7	3	5	2	8
6	8	2	9	4	5	1	3	7
7	3	4	2	9	6	8	1	5
8	6	9	1	5	4	2	7	3
1	2	5	3	8	7	4	9	6
9	5	8	7	2	1	3	6	4
3	1	7	4	6	8	9	5	2
2	4	6	5	3	9	7	8	1

Puzzle 318

3	9	1	5	8	7	6	2	4
6	5	8	9	4	2	3	7	1
7	2	4	1	6	3	8	9	5
4	3	5	6	1	9	2	8	7
9	1	7	2	5	8	4	3	6
8	6	2	3	7	4	5	1	9
5	4	3	7	2	1	9	6	8
2	7	6	8	9	5	1	4	3
1	8	9	4	3	6	7	5	2

Puzzle 319

4	9	6	2	1	3	5	7	8
5	2	8	6	7	4	3	9	1
1	7	3	9	5	8	6	4	2
8	4	9	3	2	1	7	5	6
3	5	2	7	6	9	8	1	4
7	6	1	4	8	5	2	3	9
6	3	5	1	4	2	9	8	7
2	8	4	5	9	7	1	6	3
9	1	7	8	3	6	4	2	5

Puzzle 320

8	7	6	1	4	5	9	3	2
2	5	1	6	3	9	7	8	4
4	3	9	2	7	8	5	6	1
7	8	5	4	6	2	3	1	9
3	9	2	7	8	1	4	5	6
1	6	4	9	5	3	2	7	8
6	1	3	5	9	4	8	2	7
9	2	8	3	1	7	6	4	5
5	4	7	8	2	6	1	9	3

www.ingramcontent.com/pod-product-compliance
Lightning Source LLC
Chambersburg PA
CBHW060415220526
45465CB00008B/2890